ARITHMÉTIQUE.

ÉLÉMENTS

D'ARITHMÉTIQUE

Par BEZOUT.

NOUVELLE ÉDITION

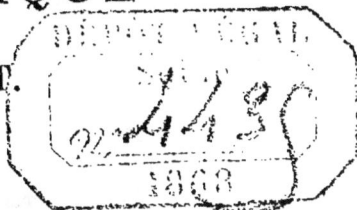

MISE EN ACCORD AVEC LE SYSTÈME DÉCIMAL

ET PRÉCÉDÉE D'UN EXPOSÉ DU SYSTÈME MÉTRIQUE

Par HONORÉ REGODT

ANCIEN PROFESSEUR

A L'ASSOCIATION PHILOTECHNIQUE DE PARIS.

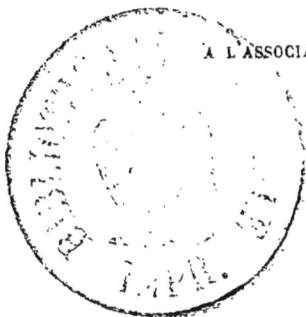

PARIS.

IMPRIMERIE ET LIBRAIRIE CLASSIQUES

De JULES DELALAIN et FILS

RUE DES ÉCOLES, VIS-A-VIS DE LA SORBONNE.

Les nombres que l'on trouve entre deux parenthèses, dans plusieurs endroits de ce livre, sont destinés à indiquer à quel numéro on doit aller chercher la démonstration de la proposition sur laquelle on s'appuie dans ces endroits. A l'égard des numéros, ils sont au commencement des alinéas.

EXPOSÉ

DU SYSTÈME MÉTRIQUE.

Introduction.

Pour bien saisir l'utilité et l'importance du système métrique, il faut se rappeler qu'avant 1840, c'est-à-dire avant que ce système eût force de loi, les unités variaient à l'infini. Ainsi d'un département à un autre tout était changé ; bien plus, souvent des différences notables existaient d'un village à un village voisin. Les calculs étaient très-compliqués. Ces unités différentes rendaient le commerce difficile et donnaient lieu à des erreurs funestes, à des fraudes fréquentes. L'intention qui a guidé à établir ce nouveau système était non-seulement de le rendre général en France, mais encore de le faire adopter par les différentes nations. Il fallait pour cela trouver une unité fondamentale qui n'appartînt exclusivement à aucune localité, qui n'eût aucun cachet de nationalité. Un décret de l'assemblée nationale du 8 mai 1790 arrêta l'uniformité des poids et mesures, et le roi de France fut appelé à se concerter avec le roi d'Angleterre pour qu'une commission de savants des deux royaumes s'occupât de déterminer l'unité de longueur. On se proposait de prendre pour cette unité la longueur du pendule à secondes[1] à un degré de latitude convenu. Les événements politiques ne permirent point de donner suite à ce premier projet. C'est donc à la France seule que revint plus tard le mérite de cet important travail. La

---

1. On appelle pendule à secondes un pendule d'une longueur telle que chaque oscillation se fait en une seconde. A mesure qu'on s'éloigne de l'équateur pour se rapprocher du pôle, la longueur de ce pendule augmente.

longueur du pendule à secondes fut abandonnée, parce qu'elle varie suivant les localités. On adopta la dix-millionième partie du quart de la méridienne terrestre, c'est-à-dire de la distance de l'équateur au pôle, distance qui est commune à tous les peuples. Un décret du 26 mars 1791 ordonna la mesure de l'arc de méridienne compris entre Dunkerque et Barcelone. *Méchain* et *Delambre* furent chargés de ce travail, qui commença le 25 juin. Leur mission délicate, et souvent même dangereuse, dura sept ans. Delambre mesura la distance de Rhodez à Dunkerque, et Méchain celle de Rhodez à Barcelone. *L'Institut*, qui depuis 1794 remplaçait l'Académie des sciences, nomma une commission de vingt-deux savants, tant Français qu'étrangers, pour déterminer, d'après les résultats obtenus par Méchain et Delambre, la distance de l'équateur au pôle. L'aplatissement de la terre fut compté pour $\frac{1}{344}$. La 10000000e partie de cette longueur fut prise pour *unité fondamentale* et nommée *mètre*. Deux mètres étalons en platine furent construits avec toute la précision nécessaire par *Lenoir*.

Ces étalons donnent exactement la longueur du mètre quand ils sont à la température de la glace fondante. La longueur du pendule à secondes à l'observatoire de Paris est 0^m,99385; cette longueur est très-utile à connaître : en effet, si malheureusement les mètres types étaient détruits, au lieu de recommencer la mesure de la méridienne, on n'aurait qu'à diviser le pendule à secondes en 99385 parties égales, chacune de ces divisions serait la cent-millième partie du mètre. De sorte qu'en ajoutant au pendule 615 fois la 99385e partie de sa longueur, on a la valeur du mètre.

En 1803, *Méchain* fit un second voyage en Espagne pour continuer la mesure de la méridienne. En 1805, la mort le surprit dans ses travaux. Vers la fin de 1807, deux autres savants illustres, que la France possède encore et dont elle s'honorera toujours, MM. Biot et Arago continuèrent la mesure de la méridienne jusqu'à l'île Formentera.

Il restait une autre unité non moins importante à découvrir : c'était celle des poids, qui ne pouvait se déduire aussi facilement du mètre que les autres. Voici le procédé qui fut suivi.

Fortin construisit un cylindre de laiton creux et droit; on détermina dans le vide le poids de ce cylindre, puis on le pesa

dans l'eau distillée à son maximum de densité[1] : la différence
des deux poids donna le poids d'un volume d'eau égal à celui
du cylindre[2]. Ce volume, déterminé par *Lefèvre-Gineau*, était
en décimètres cubes 11,2900054. Ces données permirent de
trouver facilement le poids d'un décimètre cube d'eau distillée
pesée dans le vide. Le poids ainsi obtenu fut nommé *kilogramme*.

Un poids étalon de platine fut construit par les soins de
Fortin.

Le 22 juin 1799, le mètre et le kilogramme prototypes
furent déposés aux archives de l'État dans une boîte fermant
à clef, et cette boîte à son tour fut enfermée dans une ar-
moire de fer à quatre clefs.

On déposa à l'Observatoire deux autres étalons qui pourraient être consultés dans des cas exceptionnels, de manière
à ce que les premiers fussent conservés intacts.

La loi du 10 décembre 1799 déclara la longueur du mètre
définitivement fixée et égale à l'étalon prototype déposé aux
archives.

Le 2 novembre 1801, le système métrique fut rendu obligatoire et la valeur de l'unité monétaire fut fixée par une loi
du 28 mai 1802.

Mais les vives réclamations qui s'élevèrent de tous côtés
forcèrent le gouvernement impérial à décréter des *mesures
usuelles* qui, tout en portant les noms des anciennes étaient
basées sur les nouvelles mesures. Ainsi on donna une toise de
deux mètres, une livre d'un demi-kilogramme, etc.

Enfin une loi du 4 juillet 1837 rendit obligatoire le système
métrique à partir du 1er janvier 1840.

1. On appelle eau distillée, de l'eau pure que l'on obtient en
faisant bouillir l'eau ordinaire et en condensant les vapeurs. L'eau
est dite à son maximum de densité quand elle occupe le plus petit
volume. Cela a lieu vers 4°. C'est-à-dire que l'eau étant d'abord
à cette température, se dilate, soit par une élévation, soit par un
abaissement de température.

2. D'après le principe d'Archimède, un corps pesé dans l'eau
perd de son poids un poids égal à celui du volume d'eau qu'il
déplace.

Système métrique.

Le système actuel des poids et mesures s'appelle *système métrique*, parce que l'unité fondamentale de ce système est le *mètre* [1] ou unité de longueur.

Treize mots suffisent pour désigner les différentes unités, les multiples et les subdivisions que contient ce système. Six mots désignent les unités, quatre désignent les multiples et trois les subdivisions.

Les six unités sont :

Mètre. . . . . unité de longueur.
Are. . . . . . unité de superficie (mesure agraire).
Stère. . . . . unité de volume.
Litre. . . . . unité de capacité.
Gramme. . . . unité de poids.
Franc. . . . . unité de monnaie.

Les multiples se désignent par les mots *déca, hecto, kilo, myria*, placés devant les unités. Ces mots, tirés du grec, signifient :

Déca. 10
Hecto. 100
Kilo. 1000
Myria 10000

Les subdivisions se désignent par les mots *déci, centi, milli*, placés devant les unités. Ces mots, tirés du latin, signifient :

Déci. . . . . . . dixième.
Centi. . . . . . . centième.
Milli. . . . . . . millième.

Ainsi un kilomètre représente 1000 mètres; un centiare est la centième partie d'un are.

Mesures de longueur.

Le mètre est, ainsi qu'on l'a déjà vu, la dix-millionième partie de la distance de l'équateur au pôle.

1. Μέτρον, mesure. Le mètre égale 3 pieds 11 lignes 296 millièmes de ligne.

Les multiples du mètre sont le *décamètre* ou 10 mètres, l'*hectomètre* ou 100 mètres, le *kilomètre* ou 1000 mètres, le *myriamètre* ou 10000 mètres.

Les subdivisions sont le *décimètre* ou dixième de mètre, le *centimètre* ou centième de mètre, et le *millimètre* ou millième de mètre.

Les mesures de longueur employées sont :

Double décamètre.	20^m
Décamètre.	10
Demi-décamètre	5
Double mètre.	2
Mètre.	1
Demi-mètre.	0,50
Double décimètre.	0,20
Décimètre.	0,10

Le *double décamètre*, le *décamètre* et le *demi-décamètre* sont composés de tiges de fer retenues par des anneaux.

Le *double mètre* et le *mètre*, divisés tous deux en décimètres et centimètres, sont généralement des règles plates.

Le *demi-mètre* est une règle de cuivre ou de bois souvent pliée en deux.

Le *double décimètre* et le *décimètre*, partagés tous deux en centimètres et millimètres, sont des règles de bois, de cuivre, d'ivoire, etc.

Le *myriamètre*, le *kilomètre* et l'*hectomètre* sont employés comme *mesures itinéraires*.

Mesures de superficie.

Les mesures de superficie sont : 1° le *mètre carré*, pour les petites surfaces; 2° l'*are*, pour les mesures agraires; 3° le *kilomètre carré* et le *myriamètre carré*, pour les surfaces très-grandes.

Le *mètre carré* est un carré ayant un mètre sur chaque côté. Cette mesure est fréquemment employée pour évaluer les travaux de bâtiments, etc.

Le mètre carré pour les petites surfaces n'admet point de multiples. Les subdivisions sont le *décimètre carré* et le *centimètre carré*.

Un mètre carré (*Fig. 1*) vaut 100 décimètres carrés.

Fig. 1.

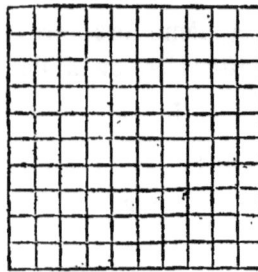

En effet, si l'on partage la base en 10 décimètres, et que par chaque division on mène une parallèle à la base, on partage le carré en dix rectangles égaux ayant un mètre de base et un décimètre de hauteur. Si l'on partage maintenant la hauteur en 10 décimètres, et que par chaque division on mène une parallèle à la hauteur, chacun des rectangles sera partagé en dix carrés ayant un décimètre de côté. On aura donc 10 fois 10 ou 100 décimètres carrés. On démontre de la même manière qu'un décimètre carré vaut 100 centimètres carrés. Donc un mètre carré vaut 100 fois 100 ou 10000 centimètres carrés.

Soit à énoncer le nombre 157^{mq},45, on dira 157 mètres carrés 45 centièmes de mètre carré ; or, le centième d'un mètre carré est un décimètre carré : donc on dira 157 mètres carrés 45 décimètres carrés. On voit ainsi qu'il faut énoncer les décimales deux à deux : les deux premières expriment des décimètres carrés ; les deux suivantes, des centimètres carrés, etc. Le nombre 145^{mq},4564 s'énonce 145 mètres carrés, 45 décimètres carrés, 64 centimètres carrés. S'il y avait un nombre impair de décimales, on ajouterait un zéro. Ainsi 157^{mq},4 s'énonce 157 mètres carrés 40 décimètres carrés.

L'*are* est l'unité des mesures agraires : c'est un carré qui a 10 mètres de côté. L'are contient 100 mètres carrés.

Le seul multiple employé est l'*hectare* ou 100 ares, et la seule subdivision est le *centiare* ou centième d'un are ou un mètre carré.

Pour convertir les hectares en ares ou les ares en centiares, il faut les multiplier par 100. On trouve ainsi que :

5 hectares 45 ares 24 centiares égalent 54524 centiares ou mètres carrés ;

5 hectares 8 ares 7 centiares égalent 50807 mètres carrés.

De même, pour convertir les mètres carrés en ares ou les ares en hectares, il faut les diviser par 100 ; ainsi :

56789 mètres carrés égalent 5 hectares 67 ares 89 centiares.

Le *kilomètre carré* est un carré de 1000 mètres de côté, Le *myriamètre carré* est un carré de 10000 mètres de côté. Ces mesures servent à évaluer l'étendue d'un pays.

Mesures de volume.

L'unité de volume est le *mètre cube*, que l'on appelle encore *stère*, principalement pour les bois de chauffage.

Il n'y a qu'un seul multiple, le *décastère* ou 10 stères, et une subdivision, le *décistère* ou dixième de stère.

Un mètre cube (*Fig.* 2) est une figure dont les six faces

Fig. 2.

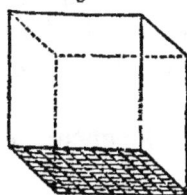

sont des mètres carrés. Un mètre cube vaut 1000 décimètres cubes. En effet, la base étant 1 mètre carré, peut être partagée en 100 décimètres carrés ; la hauteur étant 1 mètre peut être divisée en 10 décimètres. Si, par chaque point de division de la hauteur, on mène un plan parallèle à la base, on divise le cube en six tranches égales ; chacune d'elles peut être divisée en 100 décimètres cubes, on aura donc 10 fois 100 ou 1000 décimètres cubes. On démontre de même qu'un décimètre cube vaut 1000 centimètres cubes : donc 1 mètre cube vaut 1000 fois 1000 ou 1000000 centimètres cubes.

Soit à énoncer le nombre 4^{mc},567, on dira 4 mètres cubes 567 millièmes de mètre cube ; or, le millième d'un mètre cube est un décimètre cube, on dira donc 4 mètres cubes 567 décimètres cubes. On voit que les trois premières décimales expriment des décimètres cubes, les trois suivantes des centimètres cubes, etc. Il faut énoncer les décimales trois à trois, et, s'il n'y en a pas assez, compléter par des zéros. Ainsi 4^{mc},567424 s'énonce 4 mètres cubes 567 décimètres cubes 424 centimètres cubes. Le nombre 15^{mc},4 s'énonce 15^{mc},400 décimètres cubes.

Le mètre cube sert à évaluer les travaux de maçonnerie, les blocs de pierre, etc.

Pour mesurer le bois de chauffage, on se sert des mesures suivantes :

Demi-décastère.	5st
Double stère.	2
Stère.	1

Ce sont des châssis de bois (*Fig.* 3) dont la traverse inférieure a une longueur de 5 mètres pour le demi-décastère , 2 mètres pour le double stère et 1 mètre pour le stère. La hauteur

Fig. 3.

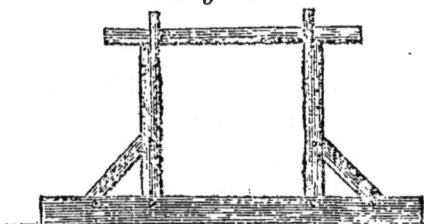

varie suivant la longueur des bûches que l'on met perpendiculairement à la traverse inférieure jusqu'à remplir le châssis. Cette hauteur serait toujours 1 mètre si les bûches avaient aussi 1 mètre ; mais quand elles sont plus longues, comme cela a lieu généralement, la hauteur est moins d'un mètre, de sorte que le produit des trois dimensions soit toujours 5 mètres cubes pour le demi-décastère, 2 mètres cubes pour le double stère et 1 mètre cube pour le stère. Pour trouver la hauteur du châssis, il suffit de diviser 1 par la longueur des bûches.

Mesures de capacité.

L'unité de capacité est le litre ou capacité d'un décimètre cube.

Les multiples sont le *décalitre*, l'*hectolitre* et le *kilolitre*.
Les subdivisions sont le *décilitre* et le *centilitre*.

Les mesures employées pour les liquides sont au nombre de treize, dont cinq grandes et huit petites.

Les premières sont :

Hectolitre.	100[1]
Demi-hectolitre. . . .	50
Double décalitre. . . .	20
Décalitre.	10
Demi-décalitre	5

Ces mesures sont des cylindres métalliques dont le diamètre de la base égale la hauteur.

Les autres mesures sont :

Double litre.	2[1]
Litre.	1
Demi-litre	0,50

Double décilitre	0^l,20
Décilitre.	0 ,10
Demi-décilitre.	0 ,05
Double centilitre	0 ,02
Centilitre.	0 ,01

La forme de ces dernières mesures est également cylindrique, mais la hauteur de ces cylindres est double du diamètre de la base.

Pour les liquides ordinaires, ces mesures sont d'étain. On emploie d'autres métaux pour les liquides qui peuvent altérer l'étain.

Les mesures employées pour les matières sèches sont :

Hectolitre.	100^l
Demi-hectolitre	50
Double décalitre. . . .	20
Décalitre.	10
Demi-décalitre	5
Double litre.	2
Litre.	1
Demi-litre.	0,50
Double décilitre. . . .	0,20
Décilitre.	0,10
Demi-décilitre	0,05

Ces mesures sont des cylindres de bois de chêne; la hauteur des cylindres est égale au diamètre de la base. On s'en sert pour mesurer les grains, etc.

Mesures de poids.

On appelle *gramme* le poids d'un centimètre cube d'eau distillée à son maximum de densité.

Les multiples du gramme sont : *décagramme, hectogramme, kilogramme*[1] et *myriagramme*.

1. Le kilogramme vaut environ deux livres.

Les subdivisions sont : *décigramme, centigramme* et *milligramme.*

L'unité fondamentale du poids est le gramme, prototype dont nous avons déjà parlé.

Un poids de 100 kilogrammes s'appelle *quintal métrique.* On en fait une unité nouvelle pour les poids considérables.

Un poids de 1000 kilogrammes s'appelle *tonneau de mer.* On s'en sert comme unité pour évaluer les poids les plus grands.

Les poids employés sont les uns de fonte de fer, les autres de cuivre.

Les poids de fonte sont des pyramides tronquées. A la face supérieure, il existe un anneau afin de pouvoir les porter plus facilement.

Ce sont les poids de

50 *kilogrammes.*	50^k
20 *kilogrammes.*	20
10 *kilogrammes.*	10
5 *kilogrammes.*	5
Double kilogramme.	2
Kilogramme.	1
Demi-kilogramme.	0,50
Double hectogramme.	0,20
Hectogramme.	0,10
Demi-hectogramme.	0,05

Les poids de cuivre ont la forme d'un cylindre terminé supérieurement par un bouton. La hauteur du cylindre égale le diamètre de la base, excepté dans les poids de 1 et 2 grammes. La hauteur du bouton est la moitié du diamètre de la base.

Il existe aussi des poids de cuivre en forme de godets coniques, qui se placent les uns dans les autres : le plus grand sert de boîte.

Les poids de cuivre sont de

20 *kilogrammes.*	20^k
10 *kilogrammes.*	10
5 *kilogrammes.*	5
Double kilogramme.	2

Kilogramme.	1^k
Demi-kilogramme.	0,500
Double hectogramme.	0,200
Hectogramme.	0,100
Demi-hectogramme.	0,050
Double décagramme.	0,020
Décagramme.	0,010
Demi-décagramme.	0,005
Double gramme	0,002
Gramme.	0,001

Les subdivisions du gramme sont de petites lames de cuivre carrées.

Ce sont les poids de

Demi-gramme.	0^g,500
Double décigramme.	0 ,200
Décigramme.	0 ,100
Demi-décigramme.	0 ,050
Double centigramme.	0 ,020
Centigramme.	0 ,010
Demi-centigramme.	0 ,005
Double milligramme.	0 ,002
Milligramme.	0 ,001

Mesures de monnaie.

Le *franc* est l'unité de monnaie ; il pèse 5 grammes : il est formé d'un alliage de 835 parties d'argent et 165 parties de cuivre.

Les multiples du franc ne sont pas employés : ainsi on ne dit pas hectofranc, mais 100 fr. Les subdivisions s'appellent *décime* au lieu de décifranc, et *centime* au lieu de centifranc. On ne compte donc que par *francs*, *décimes* et *centimes*.

Les pièces de monnaie employées sont d'or, d'argent et de billon. La monnaie d'or est formée de 9/10 d'or et de 1/10 de cuivre ; elle vaut à poids égal 15 fois 1/2 la monnaie d'argent.

La monnaie d'or se compose des pièces de

5 *francs,* pesant	1^g,6129
10 *francs,* —	3 ,2258
20 *francs,* —	6 ,4516

40 *francs,*	—	12^g,9032
50 *francs,*	—	16 ,1290
100 *francs,*	—	32 ,2580

La monnaie d'argent se compose des pièces de

20 *centimes,* pesant.	. . . . .	1^g, »
50 *centimes,*	—	2 ,50
1 *franc,*	—	5 , »
2 *francs,*	—	10 , »
5 *francs,*	—	25 , »

La monnaie de cuivre, ou billon, se compose des pièces de

1 *centime,* pesant	. . . . . .	1 gramme
2 *centimes,*	—	2 —
5 *centimes,*	—	5 —
10 *centimes,*	—	10 —

On pourrait, par conséquent, peser les corps en se servant des pièces de monnaie comme poids.

On peut aussi, au lieu de compter la monnaie, la peser et l'estimer d'après son poids.

Le diamètre d'une pièce d'or de 40 francs est 26 millimètres; celui d'une pièce d'or de 20 francs est 21 millimètres. De sorte qu'en plaçant l'une après l'autre sur une même ligne 32 pièces de 40 francs et 8 pièces de 20 francs, on a la longueur du mètre.

Le diamètre d'une pièce d'argent de 5 francs est 37 millimètres; celui d'une pièce de 2 francs est 27 millimètres. De sorte qu'on aurait encore la longueur du mètre en plaçant sur une même ligne 19 pièces de 5 francs et 11 pièces de 2 francs.

ÉLÉMENTS

D'ARITHMÉTIQUE.

Notions préliminaires sur la nature et les différentes espèces de nombres.

1. On appelle, en général, *quantité* tout ce qui est susceptible d'augmentation ou de diminution. L'étendue, la durée, le poids, etc., sont des quantités. Tout ce qui est quantité est de l'objet des mathématiques ; mais l'arithmétique, qui fait partie de ces sciences, ne considère les quantités qu'en tant qu'elles sont exprimées en nombres.

2. L'arithmétique[1] est donc la science des nombres : elle en considère la nature et les propriétés ; son but est de donner des moyens faciles, tant pour représenter les nombres que pour les composer et les décomposer, ce qu'on appelle *calculer*.

3. Pour se former une idée exacte des nombres, il faut d'abord savoir ce qu'on entend par *unité*.

4. L'unité est une quantité que l'on prend (le plus souvent arbitrairement) pour servir de terme de comparaison à toutes les quantités d'une même espèce : ainsi, lorsqu'on dit : un corps pèse *cinq* kilogrammes, le kilogramme est l'unité ; c'est la quantité à laquelle on compare le poids de ce corps ; on aurait pu également prendre le décagramme pour unité, et alors le même poids eût été exprimé par 500 décagrammes.

---

[1]. De ἀριθμός, nombre.

5. Le nombre exprime de combien d'unités, ou de parties d'unité, une quantité est composée.

Si la quantité est composée d'unités entières, le nombre qui l'exprime s'appelle *nombre entier* : et si elle est composée d'unités entières et de parties d'unité, ou simplement de parties d'unité, alors le nombre est dit *fractionnaire* ou *fraction*; *trois et demi* font un nombre fractionnaire : *trois quarts* font une fraction.

6. Un nombre qu'on énonce sans désigner l'espèce des unités, comme *trois* ou *trois fois*, *quatre* ou *quatre fois*, s'appelle *nombre abstrait*; et lorsqu'on énonce en même temps l'espèce des unités, comme *quatre kilogrammes, cent mètres*, on l'appelle *nombre concret*.

De la numération et des décimales.

7. La numération est l'art d'exprimer tous les nombres par une quantité limitée de noms et de caractères. Ces caractères s'appellent *chiffres*[1].

8. Les caractères dont on fait usage dans la numération, et les noms des nombres qu'ils représentent, sont:

0	1	2	3	4	5	6	7	8	9
zéro	un	deux	trois	quatre	cinq	six	sept	huit	neuf

Pour exprimer tous les autres nombres avec ces caractères, on est convenu que de dix unités on en ferait une seule, à laquelle on donnerait le nom de *dizaine*, et que l'on compterait par dizaines, comme on compte par unités, c'est-à-dire que l'on compterait deux dizaines, trois dizaines, etc., jusqu'à neuf : que pour représenter ces nouvelles unités, on emploierait les mêmes chiffres que pour les unités simples, mais qu'on les en

---

1. Les noms des nombres sont une connaissance familière à tout le monde. Nous exposerons seulement les principes à l'aide desquels on peut représenter les nombres par des chiffres.

1.

distinguerait par la place qu'on leur ferait occuper, en les mettant à la gauche des unités simples.

Ainsi, pour représenter *cinquante-quatre*, qui renferment cinq dizaines et quatre unités, on est convenu d'écrire 54. Pour représenter *soixante*, qui contiennent un nombre exact de dizaines et point d'unités, on écrit 60, en mettant un zéro, qui indique qu'il n'y a point d'unités simples, et détermine le chiffre 6 à représenter un nombre de dizaines. On peut, par ce moyen, compter jusqu'à *quatre-vingt-dix-neuf* inclusivement.

9. Remarquons, en passant, cette propriété de la numération actuelle, savoir : qu'un chiffre placé à la gauche d'un autre, ou suivi d'un zéro, représente un nombre dix fois plus grand que s'il était seul.

10. Depuis 99, on peut compter jusqu'à *neuf cent quatre-vingt-dix-neuf*, par une convention semblable. De dix dizaines, on composera une seule unité qu'on nommera *centaine*, parce que dix fois dix font cent ; on comptera ces centaines depuis un jusqu'à neuf, et on les représentera par les mêmes chiffres, mais en plaçant ces chiffres à la gauche des dizaines.

Ainsi pour marquer *huit cent cinquante-neuf*, qui contiennent huit centaines, cinq dizaines et neuf unités, on écrira 859. Si l'on avait *huit cent neuf* qui contiennent huit centaines, point de dizaines et neuf unités, on écrirait 809 ; c'est-à-dire, que l'on mettrait un zéro pour tenir la place des dizaines qui manquent. Si les unités manquaient aussi, on mettrait deux zéros : ainsi pour marquer *huit cents*, on écrirait 800.

11. Remarquons encore qu'en vertu de cette convention, un chiffre suivi de deux autres ou de deux zéros marque un nombre cent fois plus grand que s'il était seul.

12. Depuis *neuf cent quatre-vingt-dix-neuf*, on peut compter, par le même artifice, jusqu'à *neuf mille neuf cent quatre-vingt dix-neuf*, en formant de dix cen-

taines une unité qu'on appelle *mille*, parce que dix fois cent font mille, comptant ces unités comme précédemment, et les représentant par les mêmes chiffres placés à la gauche des centaines.

Ainsi, on représentera *sept mille huit cent cinquante-neuf*, par 7859 ; on écrira *sept mille neuf*, 7009 ; et *sept mille*, 7000 ; d'où l'on voit qu'un chiffre suivi de trois autres, ou de trois zéros, exprime un nombre mille fois plus grand que s'il était seul.

13. En continuant ainsi de renfermer dix unités d'un certain ordre dans une seule unité, et de placer ces nouvelles unités dans des rangs de plus en plus avancés vers la gauche, on parvient à exprimer d'une manière uniforme, et avec dix caractères seulement, tous les nombres entiers imaginables.

14. Pour énoncer facilement un nombre exprimé par tant de chiffres qu'on voudra, on le partagera, par la pensée, en tranches de trois chiffres chacune, en allant de droite à gauche : on donnera à chaque tranche les noms suivants, en partant de la droite, *unités, mille, millions, billions, trillions, quatrillions, quintillions, sextillions*, etc. Le premier chiffre de chaque tranche (en partant toujours de la droite) aura le nom de la tranche, le second celui de dizaines, et le troisième celui de centaines.

Ainsi, en partant de la gauche, on énoncera chaque tranche comme si elle était seule, et l'on prononcera à la fin de chacune le nom de cette même tranche ; par exemple, pour énoncer le nombre suivant :

quatrillions,	trillions,	billions,	millions,	mille,	unités.
23,	456,	789,	234,	565,	456.

On dira vingt-trois *quatrillions*, quatre cent cinquante-six *trillions*, sept cent quatre-vingt-neuf *billions*, deux cent trente-quatre *millions*, cinq cent soixante-cinq *mille*, quatre cent cinquante-six *unités*.

15. De la numération que nous venons d'exposer, il résulte qu'à mesure qu'on avance de droite à gauche, les unités dont chaque nombre est composé sont de dix en dix fois plus grandes, et que par conséquent pour rendre un nombre dix fois, cent fois, mille fois plus grand, il suffit de mettre à la suite du chiffre de ses unités un, deux, trois, etc., zéros : au contraire, à mesure qu'on rétrograde de gauche à droite, les unités sont de dix en dix fois plus petites.

16. Telle est la numération actuelle : elle est la base de toutes les autres manières de compter, quoique dans plusieurs arts on ne s'assujettisse pas toujours à compter uniquement par dizaines, par dizaines de dizaines, etc.

17. Pour évaluer les quantités plus petites que l'unité qu'on a choisie, on partage celle-ci en d'autres unités plus petites. Le nombre en est indifférent en lui-même, pourvu qu'on puisse mesurer les quantités que l'on désire; mais ce qu'on doit avoir principalement en vue dans ces sortes de divisions, c'est de rendre les calculs aussi simples que possible; c'est pour cette raison qu'au lieu de partager d'abord l'unité en un grand nombre de parties, afin de pouvoir évaluer les plus petites, on ne la partage d'abord qu'en un certain nombre de parties, et qu'on subdivise celles-ci en d'autres, et ces dernières encore en d'autres plus petites. Ainsi un jour se divise en 24 heures, chaque heure en 60 minutes et chaque minute en 60 secondes. La circonférence se divise en 360 degrés, chaque degré en 60 minutes et chaque minutes en 60 secondes. Dans le système métrique, chaque unité se divise en dix unités plus petites, et chacune de celles-ci en dix autres. Ainsi le franc se divise en dix décimes, et chaque décime en dix centimes.

18. Un nombre qui est composé de parties rapportées ainsi à différentes unités s'appelle un nombre *complexe,* et par opposition, celui qui ne renferme qu'une seule espèce d'unités s'appelle *nombre incom-*

plexe. 8 heures sont un nombre incomplexe; 8 heures 17 minutes 8 secondes sont un nombre complexe.

19. Chaque unité principale peut être divisée d'une manière différente. Les subdivisions de la circonférence sont différentes de celles du jour; celles du jour, différentes de celles du mètre.

20. De toutes les divisions et subdivisions qu'on peut faire de l'unité, celle qui se fait par décimales, c'est-à-dire en partageant l'unité en parties de dix en dix fois plus petites, est incontestablement la plus commode dans les calculs. La formation et le calcul des décimales sont absolument les mêmes que pour les nombres ordinaires ou entiers.

21. Pour évaluer en décimales les parties plus petites que l'unité, on conçoit que cette unité, mètre, litre, gramme, etc., est composée de 10 parties, de même que l'on suppose la dizaine composée de dix unités simples. Ces nouvelles unités, par opposition aux dizaines, sont nommées *dixièmes* : on les représente par les mêmes chiffres que les unités simples; et comme elles sont dix fois plus petites que celles-ci, on les place à la droite du chiffre qui représente les unités simples.

Mais pour prévenir l'équivoque, et ne point donner lieu de prendre ces dixièmes pour des unités simples, on est convenu en même temps de fixer, une fois pour toutes, la place des unités par une marque particulière; c'est une virgule que l'on met à la droite du chiffre qui représente les unités, ou, ce qui est la même chose entre les unités et les *dixièmes* : ainsi on représente *vingt-quatre unités, trois dixièmes*, par 24,3.

22. On peut, de même, considérer les *dixièmes* comme des unités qui ont été formées de dix autres, chacune dix fois plus petite que les *dixièmes*, et par la même raison les placer à la droite des *dixièmes*. Ces nouvelles unités, dix fois plus petites que les *dixièmes*, seront cent fois plus petites que les unités principales, et

pour cette raison seront nommées *centièmes*. Ainsi pour marquer *vingt-quatre unités, trois dixièmes, cinq centièmes*, on écrira 24,35.

23. Supposons également les *centièmes* formés de dix parties : ces parties seront mille fois plus petites que l'unité principale, et pour cette raison seront nommées *millièmes*; et puisqu'elles sont dix fois plus petites que les *centièmes*, on les placera à la droite de celles-ci.

En continuant de subdiviser ainsi de dix en dix, on formera de nouvelles unités qu'on nommera successivement des *dix-millièmes, cent-millièmes, millionièmes, dix-millionièmes, cent-millionièmes, billionièmes, etc.*, et qu'on placera dans des rangs de plus en plus reculés sur la droite de la virgule.

24. Les parties de l'unité que nous venons de décrire sont ce que l'on appelle les *décimales*.

25. Après avoir énoncé les chiffres qui sont à la gauche de la virgule, on énonce les décimales de la même manière; mais on ajoute, à la fin, le nom des unités décimales de la dernière espèce : ainsi, pour énoncer le nombre 34,572, on dirait trente-quatre unités, cinq cent soixante-douze *millièmes*; si les unités étaient des mètres, on dirait trente-quatre mètres, cinq cent soixante-douze *millièmes* de mètre ou millimètres.

On s'en rend compte facilement en remarquant que dans le nombre 34,572 le chiffre 5 représente indifféremment cinq *dixièmes*, ou cinq cents *millièmes*, puisque le *dixième* (22) valant 10 *centièmes*, et le *centième* (23) valant 10 *millièmes*, le *dixième* contient dix fois dix *millièmes*, ou 100 *millièmes*; ainsi, que les cinq dixièmes valent 500 *millièmes*. Par une raison semblable, le chiffre 7 représente soixante-dix *millièmes*, puisque (23) chaque *centième* vaut 10 *millièmes*.

26. Pour trouver l'espèce des unités du dernier chiffre, on compte successivement de gauche à droite sur

chaque chiffre, depuis la virgule, les noms suivants: *dixièmes, centièmes, millièmes, dix-millièmes, etc.*

27. Quand on n'a point d'unités entières, mais seulement des parties d'unité, on met un zéro pour tenir la place des unités : ainsi, 125 *millièmes* s'écrivent 0,125. Pour représenter 25 *millièmes*, on écrit 0,025 en mettant un zéro entre la virgule et les autres chiffres, tant pour indiquer qu'il n'y a point de *dixièmes* que pour donner aux parties suivantes leur véritable valeur. Par la même raison, 6 *dix-millièmes* s'écrivent 0,0006.

28. Examinons maintenant les changements qu'on peut faire naître dans un nombre par le déplacement de la virgule.

Puisque la virgule détermine la place des unités, et que tous les autres chiffres ont des valeurs dépendantes de leurs distances à cette même virgule; si l'on avance la virgule d'un, deux, trois, etc., rangs sur la gauche, on rend le nombre, 10, 100, 1000, etc., fois plus petit; et au contraire on le rend 10, 100, 1000, etc., fois plus grand, si l'on recule la virgule d'un, deux, trois, etc., rangs sur la droite.

En effet, si l'on a 4327,5264, et qu'en avançant la virgule d'un rang sur la gauche, on écrive 432,75264, on voit que les mille du premier nombre sont des centaines dans le nouveau; les centaines sont des dizaines; les dizaines, des unités; les unités, des dixièmes; les dixièmes, des centièmes, et ainsi de suite. Donc chaque partie du premier nombre est devenue dix fois plus petite par ce déplacement. Si au contraire, en reculant la virgule d'un rang sur la droite, on eût écrit 43275,264, les mille du premier nombre se trouveraient changés en dizaines de mille, les centaines en mille, les dizaines en centaines, les unités en dizaines, les dixièmes en unités, et ainsi de suite. Donc le nouveau nombre est 10 fois plus grand que le premier.

29. Un raisonnement semblable fait voir qu'en avan-

çant la virgule sur la gauche de deux ou trois rangs, on rendrait le nombre 100 ou 1000 fois plus petit, et au contraire, 100 ou 1000 fois plus grand, en reculant la virgule de deux ou de trois rangs sur la droite.

30. La dernière observation que nous ferons sur les décimales est qu'on n'en change point la valeur en mettant à la suite du dernier chiffre décimal un ou plusieurs zéros. Ainsi 43,25 ou 43,250, ou 43,2500 ou 43,25000, ont la même valeur.

Car chaque *centième* valant 10 *millièmes* ou 100 *dix-millièmes*, etc., les 25 *centièmes* vaudront 250 *millièmes* ou 2500 *dix-millièmes*[1].

Des opérations de l'arithmétique.

31. Ajouter, soustraire, multiplier et diviser sont les quatre opérations fondamentales de l'arithmétique. Toutes les questions qu'on peut proposer sur les nombres se réduisent à pratiquer quelques-unes de ces opérations ou toutes ces opérations. Il est donc important de se les rendre familières et d'en bien saisir l'esprit.

32. Le but de l'arithmétique est, comme nous l'avons déjà dit, de donner des moyens de calculer facilement les nombres. Ces moyens consistent à réduire le calcul des nombres les plus composés à celui de nombres plus simples, ou exprimés par le plus petit nombre de chiffres possible. C'est ce qu'il s'agit d'exposer actuellement.

De l'addition des nombres entiers et des parties décimales.

33. Exprimer la valeur totale de plusieurs nombres par un seul est ce qu'on appelle *faire une addition*.

[1]. C'est sur ces principes qu'est basé le système des poids et mesures, dont on trouvera un précis en tête de ce volume.

1.

Quand les nombres qu'on se propose d'ajouter n'ont qu'un seul chiffre, on n'a pas besoin de règle; mais lorsqu'ils ont plusieurs chiffres, on trouve leur valeur totale, qu'on appelle *somme*, par la règle suivante.

Écrivez les uns sous les autres tous les nombres proposés; de manière que les unités de chaque nombre soient dans une même colonne verticale; qu'il en soit de même des dizaines, des centaines, etc.; soulignez le tout.

Ajoutez d'abord tous les nombres qui sont dans la colonne des unités : si la somme ne passe pas 9, écrivez-la au-dessous; si elle surpasse 9, elle renferme des dizaines; n'écrivez au-dessous que l'excédant du nombre des dizaines : comptez ces dizaines pour autant d'unités, et ajoutez-les avec les nombres de la colonne suivante; suivez pour la seconde colonne la même règle que pour la première, et continuez ainsi de colonne en colonne, jusqu'à la dernière, au-dessous de laquelle vous écrirez la somme telle que vous la trouverez.

Éclaircissons cette règle par des exemples.

Exemple I.

Qu'il soit question d'ajouter 54925 et 2023.
J'écris ces deux nombres comme on le voit ici :

$$
\begin{array}{r}
54925 \\
2023 \\
\hline
56948 \ \text{somme.}
\end{array}
$$

Et après avoir souligné le tout, je commence par les unités, en disant : 5 et 3 font 8, que j'écris sous cette même colonne.

Je passe à celle des dizaines, dans laquelle je dis : 2 et 2 font 4, que j'écris au-dessous.

A la colonne des centaines, je dis : 9 et 0 font 9, que j'écris sous cette même colonne.

Dans la colonne des mille, je dis : 4 et 2 font 6, que j'écris sous cette colonne.

Enfin, dans la colonne des dizaines de mille, je dis :
5, que j'écris de même au-dessous.

Le nombre 56948, trouvé par cette opération, est la
somme des deux nombres proposés, puisqu'il en renferme les unités, les dizaines, les centaines, les mille
et les dizaines de mille, que nous avons rassemblés successivement.

EXEMPLE II.

On demande la somme des quatre nombres suivants :
6903, 7854, 953, 7327.

Je les écris comme on les voit ici :

$$
\begin{array}{r}
6903 \\
7854 \\
953 \\
7327 \\
\hline
23037 \text{ somme.}
\end{array}
$$

Et en commençant, comme ci-dessus, par la droite, je
dis : 3 et 4 font 7, et 3 font 10, et 7 font 17 ; j'écris les 7
unités sous la première colonne, et je retiens la dizaine
pour la joindre, comme unité, aux nombres de la colonne suivante, qui sont aussi des dizaines.

Passant à cette seconde colonne, je dis : 1 que je retiens et 0 font 1, et 5 font 6, et 5 font 11, et 2 font 13 ;
j'écris 3 sous la colonne actuelle, et je retiens, pour la
dizaine, une unité que j'ajoute à la colonne suivante,
en disant : 1 et 9 font 10, et 8 font 18, et 9 font 27, et
3 font 30 ; je pose 0 sous cette colonne, et je retiens,
pour les trois dizaines, trois unités que j'ajoute à la colonne suivante, en disant : 3 et 6 font 9, et 7 valent 16,
et 7 font 23 ; j'écris 3 sous cette colonne, et comme il
n'y a plus d'autre colonne, j'avance d'une place les
deux dizaines qui appartiendraient à la colonne suivante,
s'il y en avait une. Le nombre 23037 est la somme des
quatre nombres proposés.

34. S'il y a des parties décimales, comme elles se comptent, ainsi que les autres nombres, par dizaines, à mesure qu'on avance de droite à gauche, la règle pour les ajouter est absolument la même, en ayant soin de mettre toujours les unités de même ordre dans une même colonne.

Ainsi, on propose d'ajouter les trois nombres : 72,957 ; 12,8 ; 124,03.

J'écris :
```
        72,957
        12,8
       124,03
       ───────
       209,787 somme.
```

En suivant la règle ci-dessus, j'ai 209,787 pour la somme.

De la soustraction des nombres entiers et des parties décimales.

35. La *soustraction* est l'opération par laquelle on retranche un nombre d'un autre nombre. Le résultat de cette opération s'appelle *reste*, *excès* ou *différence*.

Pour faire cette opération, on écrit le nombre qu'on veut retrancher au-dessous de l'autre, de la même manière que dans l'addition ; et ayant souligné le tout, on retranche, en allant de droite à gauche, chaque nombre inférieur de son correspondant supérieur, c'est-à-dire les unités des unités , les dizaines des dizaines, etc. ; on écrit chaque reste au-dessous, dans le même ordre, et zéro lorsqu'il ne reste rien.

Lorsque le chiffre inférieur se trouve plus grand que le chiffre supérieur correspondant, on ajoute à celui-ci dix unités qu'on aura en empruntant, par la pensée, une unité sur son voisin à gauche, lequel doit, par cette raison, être regardé comme moindre d'une unité, dans l'opération suivante.

EXEMPLE I.

On propose de retrancher 5432 de 8954.
J'écris ces deux nombres comme il suit :

```
        8954
        5432
        ————
        3522  reste.
```

Et en commençant par le chiffre des unités, je dis : 2
ôté de 4, il reste 2, que j'écris au-dessous; puis, passant aux dizaines, je dis : 3 ôté de 5, il reste 2, que j'é-
cris sous les dizaines. A la troisième colonne, je dis : 4
ôté de 9, il reste 5, que j'écris sous cette colonne. Enfin
à la quatrième, je dis : 5 ôté de 8, il reste 3, que j'écris
sous 5, et j'ai 3522 pour le reste de 5432 retranché de
8954.

EXEMPLE II.

On veut ôter 7987 de 27646.

```
On écrit :    27646
               7987
              —————
              19659  reste.
```

Comme on ne peut ôter 7 de 6, on ajoutera à 6 dix
unités qu'on empruntera en prenant une unité sur son
voisin 4, et on dira : 7 ôté de 16, il reste 9, qu'on écrit
sous 7.

Passant aux dizaines, on ne dit plus : 8 ôté de 4, mais
8 ôté de 3 seulement, parce que l'emprunt qu'on a fait
a diminué 4 d'une unité : comme on ne peut ôter 8 de
3, on ajoute de même à 3 dix unités qu'on emprunte,
en prenant une unité sur le chiffre 6 de la gauche;
et on dira : 8 ôté de 13, il reste 5, qu'on écrit sous 8.
Passant à la troisième colonne, on dit de même : 9 ôté

de 5, ou plutôt 9 ôté de 15 (en empruntant comme ci-
dessus), il reste 6, qu'on écrit sous 9.

A la quatrième colonne, on dit, par la même raison :
7 ôté de 6, ou plutôt de 16, il reste 9, qu'on écrit sous 7;
et comme il n'y a rien à retrancher dans la cinquième
colonne, on écrit sous cette colonne, non pas 2, parce
qu'on vient d'emprunter une unité sur ce 2, mais seulement 1, et on a 19659 pour le reste.

36. Si le chiffre sur lequel on doit faire l'emprunt
était un zéro, l'emprunt se ferait, non pas sur ce zéro,
mais sur le premier chiffre significatif qui viendrait
après : or quoique ce soit, alors, emprunter 100 ou 1000
ou 10000, selon qu'il y a un, deux ou trois zéros consécutifs, on n'en opérera pas moins comme ci-dessus,
c'est-à-dire qu'on ajoutera seulement 10 au chiffre pour
lequel on emprunte, et comme ces dix sont censés pris
sur les 100 ou 1000, etc., qu'on a empruntés, pour employer les 90 ou les 990, etc., qui restent, on compte les
zéros suivants pour autant de 9; c'est ce que l'exemple
suivant éclaircira.

Exemple III.

$$
\begin{array}{r}
99 \\
\text{Si de} \quad 20064 \\
\text{ou veut retrancher} \quad 17489 \\
\hline
2575 \ \text{reste.}
\end{array}
$$

On dit d'abord : 9 ôté de 4, ou plutôt de 14 (en empruntant sur le chiffre suivant), il reste 5. Puis pour ôter 8
de 5, comme cela ne se peut, et qu'il n'est pas possible
non plus d'emprunter sur le chiffre suivant qui est un
zéro, on emprunte sur le 2 une unité, laquelle vaut
mille à l'égard du chiffre sur lequel on opère. De ce
mille on ne prend que 10 unités qu'on ajoute à 5, et on
dit : 8 ôté de 15, il reste 7.

Comme on n'a employé que 10 unités sur mille qu'on

a empruntées, on emploie les 990 restantes pour en retrancher les nombres qui répondent au-dessous des zéros,
ce qui revient au même que de compter chaque zéro
comme s'il valait 9 : ainsi l'on dira : 4 ôté de 9, reste 5 ;
puis 7 ôté de 9, reste 2, et enfin 1 ôté de 1, reste
zéro.

37. S'il y a des parties décimales dans les nombres
sur lesquels on veut opérer, on suit absolument la même
règle ; mais pour éviter tout embarras dans l'application
de cette règle, il n'y a qu'à rendre le nombre des chiffres
décimaux le même dans chacun des deux nombres proposés, en mettant un nombre suffisant de zéros à la suite
de celui qui a le moins de décimales ; cette préparation
ne change rien à la valeur de ce nombre (30).

Exemple IV.

De 5403,25 on veut ôter 385,6532.

Je mets deux zéros à la suite des décimales du nombre supérieur ; après quoi, j'opère sur les deux nombres
ainsi préparés, précisément selon l'énoncé de la règle
donnée pour les nombres entiers,

$$
\begin{array}{r}
5403,2500 \\
385,6532 \\
\hline
5017,5968 \text{ reste.}
\end{array}
$$

De la preuve de l'addition et de la soustraction.

38. On appelle preuve d'une opération arithmétique
une seconde opération que l'on fait pour s'assurer de
l'exactitude du résultat de la première.

La preuve de l'addition se fait en ajoutant de nouveau, par parties, mais en commençant par la gauche,
les sommes qu'on a déjà ajoutées. On retranche la totalité de la première colonne de la partie qui lui répond

dans la somme inférieure : on écrit au-dessous le reste, qu'on réduit par la pensée en dizaines, pour le joindre au chiffre suivant de cette même somme, et du total on retranche encore la totalité de la colonne supérieure ; on continue ainsi jusqu'à la dernière colonne, dont la totalité étant retranchée ne doit laisser aucun reste.

Ainsi, ayant trouvé ci-dessus que les quatre nombres :

$$6903$$
$$7854$$
$$953$$
$$7327$$

ont pour somme 23037
$$3110$$

Pour vérifier ce résultat, j'ajoute les mêmes nombres, en commençant par la gauche ; et je dis : 6 et 7 font 13, et 7 font 20, lesquels ôtés de 23, il reste 3 ou 3 dizaines, qui, avec le chiffre suivant zéro, font 30. Je passe à la seconde colonne, et je dis : 9 et 8 font 17, et 9 font 26 ; et 3 font 29, que j'ôte de 30 ; il reste 1 ou une dizaine, qui, jointe au chiffre suivant 3, fait 13. J'ajoute tous les nombres de la troisième colonne, en disant : 5 et 5 font 10, et 2 font 12, qui ôtés de 13, il reste 1 ou une dizaine, laquelle, jointe au chiffre suivant 7, fait 17 ; j'ajoute pareillement tous les nombres de la dernière colonne, en disant : 3 et 4 font 7, et 3 font 10, et 7 font 17, qui ôtés de 17, il ne reste rien : d'où je conclus que la première opération est exacte.

On est fondé à conclure que la première opération a été bien faite, lorsqu'après cette preuve il ne reste rien, parce qu'ayant ôté successivement tous les mille, toutes les centaines, toutes les dizaines et toutes les unités dont on avait composé la somme, il faut qu'à la fin il ne reste rien.

39. La preuve de la soustraction se fait en ajoutant

le reste trouvé par l'opération avec le nombre retranché ; si la première opération a été bien faite, on doit reproduire le nombre dont on a retranché.

Ainsi je vois que, dans le troisième exemple que nous avons donné ci-dessus, l'opération a été bien faite, parce qu'en ajoutant 17489 (nombre retranché) avec le reste 2565, je reproduis 20054, nombre dont on a retranché.

$$20054$$
$$17489$$
$$\overline{2565}$$
$$\overline{20054}$$

De la multiplication.

40. *Multiplier* un nombre par un autre, c'est prendre le premier de ces deux nombres autant de fois qu'il y a d'unités dans l'autre. Multiplier 4 par 3, c'est prendre trois fois le nombre 4.

41. Le nombre qu'on doit multiplier s'appelle *multiplicande*; celui par lequel on doit multiplier s'appelle *multiplicateur*; et le résultat de l'opération s'appelle *produit.*

42. Le mot *produit* a communément une acception beaucoup plus étendue; mais nous avertissons expressément que nous ne l'emploierons que pour désigner le résultat de la multiplication.

Le multiplicande et le multiplicateur se nomment aussi les *facteurs* du produit : ainsi 3 et 4 sont les facteurs de 12, parce que 3 fois 4 font 12.

43. Suivant l'idée que nous venons de donner de la multiplication, on voit qu'on pourrait faire cette opération en écrivant le multiplicande autant de fois qu'il y a d'unités dans le multiplicateur, et faisant ensuite l'addi-

tion ; par exemple, pour multiplier 7 par 3, on pourrait écrire :

$$
\begin{array}{r}
7 \\
7 \\
7 \\
\hline
21
\end{array}
$$

La somme 21 que donne cette addition serait le produit.

Mais lorsque le multiplicateur est tant soit peu considérable, l'opération devient fort longue : ce que nous appelons proprement multiplication est la méthode de parvenir à ce même résultat par une voie plus courte.

44. Tant qu'on ne considère les nombres que d'une manière abstraite, c'est-à-dire sans faire attention à la nature de leurs unités, il est indifférent de prendre l'un ou l'autre pour multiplicande ou pour multiplicateur ; par exemple, si on a 4 à multiplier par 3, il est indifférent de multiplier 4 par 3 ou 3 par 4, le produit sera toujours 12 : en effet 3 fois 4 ne sont autre chose que le triple de 1 fois 4, et 4 fois 3 sont le triple de 4 fois 1 ; or il est évident que 1 fois 4 et 4 fois 1 sont la même chose ; et on peut appliquer le même raisonnement à tout autre nombre.

45. Mais lorsque, par l'énoncé de la question, le multiplicateur et le multiplicande sont des nombres concrets, il importe de distinguer le multiplicande du multiplicateur.

Cette distinction est facile : l'énoncé du problème fait toujours connaître quelle est la quantité qu'il s'agit de répéter plusieurs fois, c'est-à-dire le multiplicande, et quelle est celle qui indique combien de fois on doit répéter le multiplicande, c'est-à-dire quel est le multiplicateur.

46. Comme le multiplicateur est destiné à montrer combien de fois on doit prendre le multiplicande, il est toujours un nombre abstrait : ainsi, quand on demande ce

que doivent coûter 52 mètres de drap, à raison de 24 francs le mètre, on voit que le multiplicande est 24 francs, qu'il s'agit de répéter 52 fois ; il en serait de même si ce nombre 52 exprimait toute autre chose que des mètres.

47. Le produit, qui est formé de l'addition répétée du multiplicande, aura donc des unités de même nature que le multiplicande.

48. Les règles de la multiplication des nombres les plus composés se réduisent à multiplier un nombre d'un seul chiffre par un nombre d'un seul chiffre. Il faut donc s'exercer à trouver soi-même le produit des nombres exprimés par un seul chiffre, en ajoutant successivement un même nombre à lui-même.

On peut aussi, si on le veut, faire usage de la table suivante, qu'on attribue à Pythagore.

1	2	3	4	5	6	7	8	9
2	4	6	8	10	12	14	16	18
3	6	9	12	15	18	21	24	27
4	8	12	16	20	24	28	32	36
5	10	15	20	25	30	35	40	45
6	12	18	24	30	36	42	48	54
7	14	21	28	35	42	49	56	63
8	16	24	32	40	48	56	64	72
9	18	27	36	45	54	63	72	81

La première bande de cette table se forme en ajoutant 1 à lui-même successivement;

La seconde, en ajoutant 2 de même;

La troisième, en ajoutant 3, et ainsi de suite.

49. Pour trouver par le moyen de cette table le produit de deux nombres exprimés par un seul chiffre chacun, on cherche l'un de ces deux nombres, le multiplicande, par exemple, dans la bande supérieure; et en partant de ce nombre, on descend verticalement jusqu'à ce qu'on soit vis-à-vis du multiplicateur, qu'on trouve dans la première colonne. Le nombre sur lequel on s'arrête est le produit : ainsi pour trouver, par exemple, le produit de 9 par 6, ou combien font 6 fois 9, je descends depuis 9, pris dans la première bande, jusque vis-à-vis de 6 pris dans la première colonne; le nombre sur lequel je m'arrête est 54 : par conséquent, 6 fois 9 font 54.

De la multiplication par un nombre d'un seul chiffre.

50. Ecrivez le multiplicateur, qu'on suppose ici d'un seul chiffre, sous le multiplicande : peu importe sous quel chiffre; mais pour fixer les idées, supposons que ce soit sous le chiffre des unités.

Multipliez d'abord le nombre des unités par le multiplicateur; et si le produit ne contient que des unités, écrivez ce produit au-dessous; s'il contient des unités et des dizaines, écrivez seulement les unités, et comptant les dizaines pour autant d'unités, retenez celles-ci.

Multipliez, de même, le nombre des dizaines du multiplicande; et au produit ajoutez les unités que vous avez retenues; écrivez le tout au-dessous, s'il peut être marqué par un seul chiffre; sinon n'écrivez que les unités de ce produit, et retenez-en les dizaines, qui sont des centaines, pour les ajouter au produit suivant, qui représente également des centaines.

Continuez de multiplier successivement, suivant la même règle, tous les chiffres du multiplicande; la suite des chiffres que vous aurez écrits donnera le produit.

EXEMPLE.

On demande combien valent 2864 mètres à 6 francs le mètre?

La question se réduit à prendre 6 francs 2864 fois, ou, ce qui revient au même (44), à prendre 2864 mètres 6 fois.

J'écris donc   2864   multiplicande

               6   multiplicateur.

     17184   produit.

Et je dis, en commençant par les unités :

1º 6 fois 4 font 24 : j'écris 4, et je retiens 2 unités pour les deux dizaines ;

2º 6 fois 6 font 36, et 2 que j'ai retenues font 38 : je pose 8 et je retiens 3 ;

3º 6 fois 8 font 48, et 3 que j'ai retenues font 51 : je pose 1 et je retiens 5 ;

4º 6 fois 2 font 12, et 5 que j'ai retenues font 17, que j'écris en entier, parce qu'il n'y a plus rien à multiplier.

Le nombre 17184 est le produit demandé, ou le nombre de francs que valent les 2864 mètres, puisqu'il renferme 6 fois les 4 unités, 6 fois les 6 dizaines, 6 fois les 8 centaines et 6 fois les 2 mille, et par conséquent 6 fois le nombre 2864.

De la multiplication par un nombre de plusieurs chiffres.

51. Lorsque le multiplicateur a plusieurs chiffres, il faut faire successivement, avec chacun de ces chiffres, ce que l'on vient de prescrire lorsqu'il n'y en a qu'un, mais en commençant toujours par la droite : ainsi on

multiplie d'abord tous les chiffres du multiplicande par le chiffre des unités du multiplicateur, puis par celui des dizaines, et l'on écrit ce second produit sous le premier ; mais comme il exprime un nombre de dizaines, puisque c'est par des dizaines qu'on multiplie, on porte le premier chiffre de ce produit sous les dizaines, et les autres chiffres toujours en avançant sur la gauche.

Le troisième produit, qui se fait en multipliant par les centaines, se place de même sous le second, mais en avançant encore d'un rang : on suit la même loi pour les autres.

Toutes ces multiplications étant faites, on ajoute les produits particuliers qu'elles ont donnés, et la somme est le produit total.

EXEMPLE.

On propose de multiplier   65487
par   6958

523896
327435
589383
392922

455658546 produit.

Je multiplie d'abord 65487 par le nombre 8 des unités du multiplicateur, et j'écris successivement sous la barre les chiffres du produit 523896, que je trouve en suivant la règle donnée pour le premier cas (50).

Je multiplie de même le nombre 65487 par le second chiffre 5 du multiplicateur, et j'écris le produit 327435 sous le premier produit, mais en plaçant le premier chiffre 5 sous les dizaines de ce premier produit.

Multipliant de même 65487 par le troisième chiffre 9, j'écris le produit 589383 sous le précédent, mais en plaçant le premier chiffre 3 au rang des centaines, parce que le nombre par lequel je multiplie est un nombre de centaines.

Enfin je multiplie 65487 par le dernier chiffre 6 du multiplicateur, et j'écris le produit 392922 sous le précédent, en avançant encore d'un rang, afin que son premier chiffre occupe la place des mille, parce que le chiffre par lequel on multiplie exprime des mille ; enfin j'ajoute tous ces produits partiels, et j'ai 455658546 pour le produit total de 65487 multiplié par 6958, c'est-à-dire pour la valeur de 65487 pris 6958 fois. En effet, on a pris 65487, 8 fois par la première opération, 50 fois par la seconde, 900 fois par la troisième et 6000 fois par la quatrième.

52. Si le multiplicande ou le multiplicateur, ou tous les deux, étaient terminés par des zéros, on abrégerait l'opération en multipliant comme si ces zéros n'y étaient point ; mais on les mettrait tous à la suite du produit.

EXEMPLE.

On propose de multiplier 6500
par 350
———
325
195
———
2275000

Je multiplie seulement 65 par 35, et je trouve 2275, à côté duquel j'écris les trois zéros qui se trouvent, en tout, à la suite du multiplicande et du multiplicateur.

En effet, le multiplicande 6500 représente 65 centaines ; ainsi, quand on multiplie 65, on doit sous-entendre que le produit exprime des centaines. Pareillement, le multiplicateur 350 représente 35 dizaines ; ainsi, quand on multiplie par 35, on doit sous-entendre que le produit donne des dizaines : il exprime donc des dizaines de centaines, c'est-à-dire des mille, il doit donc avoir

3 zéros ; on appliquera un raisonnement semblable à tous les autres cas.

53. Lorsqu'il se trouve des zéros entre les chiffres du multiplicateur, comme la multiplication par ces zéros ne donne que des zéros, on se dispense d'écrire ceux-ci dans le produit ; et passant de suite à la multiplication par le premier chiffre significatif qui vient après ces zéros, on en avance le produit sur la gauche d'autant de rangs plus un qu'il y a de zéros qui se suivent dans le multiplicateur, c'est-à-dire de deux rangs s'il y a un zéro, de trois s'il y en a deux.

EXEMPLE.

$$
\begin{array}{r}
\text{Si l'on a} \qquad 42052 \\
\text{à multiplier par} \qquad 3006 \\
\hline
252312 \\
126156 \\
\hline
126408312
\end{array}
$$

Après avoir multiplié par 6 et écrit le produit 252312, on multiplie de suite par 3 ; mais on écrit le produit 126156 de manière qu'il représente des mille : il faut donc le reculer de trois rangs, c'est-à-dire d'un rang de plus que le nombre des zéros interposés aux chiffres du multiplicateur.

De la multiplication des parties décimales.

54. Pour multiplier les parties décimales, on suit la même règle que pour les nombres entiers, sans faire aucune attention à la virgule ; mais après avoir trouvé le produit, on en sépare sur la droite par une virgule autant de chiffres qu'il y a de décimales dans le multiplicande et dans le multiplicateur.

EXEMPLE I.

On propose de multiplier,   54,2 3
                         par   8,3
                         _____
                              16269
                              43384
                         _____
                            450,109

Je multiplie 5423 par 83, le produit est 450109; et comme il y a deux décimales dans le multiplicande et une dans le multiplicateur, je sépare trois chiffres sur la droite de ce produit, qui par là devient 450,109, tel qu'il doit être.

La raison de cette règle est facile à saisir, en remarquant que si le multiplicateur était 83, le produit n'aurait en décimales que des *centièmes*, puisqu'on aurait répété 83 fois le multiplicande 54,23, dont les décimales sont des centièmes; mais comme le multiplicateur est 8,3, c'est-à-dire (21) dix fois plus petit que 83, le produit doit donc avoir des unités dix fois plus petites que les centièmes; le dernier chiffre de ses décimales doit donc (23) être des *millièmes*; il doit donc y avoir trois chiffres décimaux dans ce produit, c'est-à-dire autant qu'il y en a dans le multiplicande et dans le multiplicateur.

On peut appliquer un raisonnement semblable à tout autre cas.

EXEMPLE II.

Si l'on avait   0,1 2
à multiplier par   0,3
                _____
                   0,0 3 6

On multiplierait 12 par 3, ce qui donnerait 36. Comme la règle prescrit de séparer ici trois chiffres, on

Bezout.   2

pourrait être embarrassé, puisque ce produit 36 n'en a
que deux; mais si on reprend le raisonnement que nous
avons appliqué à l'exemple précédent, on voit facilement
qu'il faut interposer un zéro entre 36 et la virgule. En
effet, si l'on avait 0,12 à multiplier par 3, il est évident
qu'on aurait 0,36; mais comme on n'a à multipler que
par 0,3, c'est-à-dire par un nombre dix fois plus petit
que 3, on doit avoir un produit dix fois plus petit
que 0,36, c'est-à-dire des millièmes, et c'est ce qui a
lieu (28) lorsqu'on écrit 0,036.

55. Comme on emploie les décimales dans le but de
faciliter les opérations, en substituant à un calcul ri-
goureux une approximation suffisante, mais prompte,
il est utile d'exposer ici un moyen d'abréger l'opération
lorsqu'on n'a besoin d'avoir le produit que jusqu'à un
degré d'exactitude proposé.

Supposons, par exemple, qu'ayant à multiplier
45,625957 par 28,635, je n'aie besoin d'avoir le produit qu'à moins d'un millième près. J'écris ces deux
nombres comme on le voit ci-dessous, c'est-à-dire
qu'après avoir renversé l'ordre des chiffres de l'un des
deux, je l'écris sous l'autre, en faisant répondre le
chiffre de ses unités sous la décimale immédiatement inférieure de deux degrés à celui auquel je veux borner
mon produit. Je fais ensuite la multiplication, en négligeant dans le multiplicande tous les chiffres qui se
trouvent à la droite de celui par lequel je multiplie, et à
mesure que je change de chiffre dans le multiplicateur,
je porte toujours le premier chiffre du nouveau produit
sous le premier chiffre du premier. L'addition de tous
ces produits étant faite, je supprime les deux derniers
chiffres, en augmentant le dernier de ceux qui restent
d'une unité, si les deux que je supprime passent 50;
après quoi je place la virgule au rang fixé par l'espèce de
décimales que je me proposais d'avoir.

2.

EXEMPLE I.

Je veux multiplier 45,625957 par 28,635; mais je n'ai besoin d'avoir le produit qu'à un millième d'unité près. J'écris ainsi ces deux nombres

$$45,625957$$
$$53682$$

$$91251914$$
$$36500760$$
$$2737554$$
$$136875$$
$$22810$$

$$1306499\overline{15}$$

produit   1306,499

Et si l'on avait fait la multiplication par le procédé ordinaire, on aurait eu 1306,499278695, qui s'accorde avec le précédent jusqu'à la troisième décimale, ainsi qu'on le demande.

S'il n'y avait pas assez de chiffres décimaux dans le multiplicande pour faire correspondre le chiffre des unités du multiplicateur au chiffre que la règle prescrit, on y suppléerait en mettant des zéros.

EXEMPLE II.

On doit multiplier 54,236 par 532,27, et l'on veut avoir le produit à un centième d'unité près.

J'écris   54,236000
                    72235

$$271180000$$
$$16270800$$
$$1084720$$
$$108472$$
$$37961$$

$$288681\overline{955}$$

produit 28868,20, en ajoutant une unité au dernier chiffre, par ce que les deux que l'on supprime passent 50.

Exemple III.

Pour troisième exemple, supposons qu'on ait à multiplier 0,227538917 par 0,5664178, et l'on ne veut avoir que 7 décimales au produit.

On écrira
```
          0,227538917
            87146650
          _____
          . . . . . . . . .
          113769455
           13652334
            1365228
              91012
               2275
               1589
                176
          _____
          128882069
```
produit   0,1288821

Sur quelques usages de la multiplication.

56. Nous ne nous proposons pas de faire connaître tous les usages de la multiplication; nous en indiquerons seulement quelques-uns qui mettront sur la voie pour les autres.

La multiplication sert à trouver, en général, la valeur totale de plusieurs unités, lorsqu'on connaît la valeur de chacune.

Par exemple : 1° combien doivent coûter 5842 mètres, à raison de 54 francs le mètre? Il faut multiplier 54 par 5842 ou (44) 5842 par 54, ou aura 315468 francs pour le prix total demandé; 2° on demande le poids de 5954 litres d'air, le poids d'un litre étant 1^{gr},29? Il faut multiplier 1,29 par 5954 ou 5954 par 1,29, on obtient 7680,66 pour le poids des 5954 litres d'air.

57. On emploie la multiplication pour convertir des unités d'une certaine espèce en unités d'une espèce plus petite. Par exemple, pour réduire les degrés en minutes

et les minutes en secondes; les années en mois, ceux-ci en jours, les jours en heures, celles-ci en minutes, ces dernières en secondes, on a souvent besoin de ces sortes de conversions. Nous en donnerons quelques exemples.

Si l'on demande de convertir 8° 17′ 7′ en secondes, comme un degré vaut 60 minutes, on multiplie les 8° par 60 (52), ce qui donne 480 minutes; en ajoutant les 17 minutes, on obtient 497 minutes, qu'on multiplie par 60, puisque chaque minute vaut 60 secondes : on a 29820 secondes, qui, ajoutées aux 7 secondes, donnent 29827 secondes pour valeur de 8° 17′ 7′.

Si l'on demande combien une année commune ou 365 jours 5 heures 48 minutes, ou 365ʲ 5ʰ 48ᵐ, valent de minutes, comme le jour est de 24 heures, on multipliera 24ʰ par 365, et au produit 8760ʰ on ajoutera 5ʰ; on multipliera le total 8765 par 60 (52), parce que l'heure contient 60 minutes, et on aura 525900 minutes, auxquelles ajoutant 48 minutes, on aura 525948 pour le nombre de minutes contenues dans une année commune.

58. L'abréviation dont nous avons parlé (52) peut être employée pour réduire promptement en kilogrammes un certain nombre de *tonneaux*. Comme le tonneau de poids pèse 1000 kilogrammes, si l'on a, par exemple, 854 tonneaux, il n'y a qu'à mettre les trois zéros à la suite du nombre : on aura 854000 pour le nombre de kilogrammes que pèsent 854 tonneaux.

Avant de terminer ce qui regarde la multiplication, remarquons que ces expressions *doubler, tripler, quadrupler*, etc., signifient multiplier par 2, par 3, par 4, etc.

De la division des nombres entiers et des parties décimales.

59. Diviser un nombre par un autre c'est, en général, chercher combien de fois le premier de ces deux nombres contient le second.

Le nombre qu'on doit diviser s'appelle *dividende*, celui par lequel on doit diviser, *diviseur*, et celui qui exprime combien de fois le dividende contient le diviseur s'appelle le *quotient*.

On n'a pas toujours pour but dans la division de savoir combien de fois un nombre en contient un autre, mais on fait l'opération dans tous les cas comme si elle tendait à ce but : c'est pourquoi on peut, dans tous les cas, la considérer comme l'opération par laquelle on trouve combien de fois le dividende contient le diviseur.

Il suit de là que si on multiplie le diviseur par le quotient, on doit reproduire le dividende, puisque c'est prendre ce diviseur autant de fois qu'il est dans le dividende : cela est général, que le quotient soit un nombre entier ou un nombre fractionnaire.

Quant à l'espèce des unités du quotient, ce n'est ni par l'espèce de celles du dividende, ni par l'espèce de celles du diviseur, ni par l'une et l'autre qu'il faut en juger ; car le dividende et le diviseur restant les mêmes, le quotient, qui sera aussi toujours le même numériquement, peut être fort différent pour la nature de ses unités, selon la question qui donne lieu à cette division.

Par exemple, s'il est question de savoir combien 8 francs contiennent 4 francs, le quotient sera un nombre abstrait qui marquera 2 fois. Mais s'il est question de savoir combien pour 8 francs on fera faire d'ouvrage à raison de 4 francs le mètre, le quotient sera 2 mètres, qui est un nombre concret, et dont l'espèce n'a aucun rapport avec le dividende ni avec le diviseur.

Mais on voit, en même temps, que la question seule qui conduit à faire la division dont il s'agit décide la nature des unités du quotient.

De la division d'un nombre composé de plusieurs chiffres par un nombre qui n'en a qu'un.

60. L'opération que nous allons décrire suppose qu'on sache trouver combien de fois un nombre de un ou deux chiffres contient un nombre d'un seul chiffre. C'est une connaissance déjà acquise, quand on sait de mémoire les produits des nombres qui n'ont qu'un chiffre. On peut aussi, pour y parvenir, faire usage de la table que nous avons donnée ci-dessus (48).

Par exemple, si je veux savoir combien de fois 74 contient 9, je cherche le diviseur 9 dans la bande supérieure, et je descends verticalement jusqu'à ce que je rencontre le nombre qui s'approche le plus de 74 : c'est ici 72 ; alors le nombre 8 qui se trouve vis-à-vis 72, dans la première colonne, est le nombre de fois ou le quotient que je cherche.

Cela supposé, voici comment se fait la division du nombre qui a plusieurs chiffres par un nombre qui n'en a qu'un.

Écrivez le diviseur à côté du dividende, séparez l'un de l'autre par un trait, et soulignez le diviseur sous lequel vous écrirez les chiffres du quotient à mesure que vous les trouverez.

Prenez le premier chiffre sur la gauche du dividende, ou les deux premiers chiffres, si le premier ne contient pas le diviseur.

Cherchez combien ce premier ou ces deux premiers chiffres contiennent le diviseur ; écrivez ce nombre de fois sous le diviseur.

Multipliez le diviseur par le quotient que vous venez d'écrire, et portez le produit sous la partie du dividende que vous venez d'employer.

Enfin retranchez le produit de la partie supérieure du dividende à laquelle il répond, et vous aurez un reste.

À côté de ce reste abaissez le chiffre suivant du dividende principal, et vous aurez un second dividende partiel, sur lequel vous opérerez comme sur le premier, plaçant le quotient à droite de celui qu'on a déjà trouvé, multipliant de même le diviseur par ce quotient, écrivant et retranchant le produit comme précédemment.

Vous abaisserez de même, à côté du reste de cette division, le chiffre du dividende qui suit celui que vous avez abaissé, et vous continuerez toujours de la même manière jusqu'au dernier inclusivement.

Cette règle deviendra plus claire par l'exemple suivant.

EXEMPLE.

On propose de diviser 8769 par 7.

J'écris ces deux nombres de cette manière :

$$
\begin{array}{r|l}
\text{dividende}\quad 8769 & 7 \text{ diviseur} \\
\hline
7 & 1252\tfrac{5}{7}\ \text{quotient} \\
\hline
17 & \\
14 & \\
\hline
36 & \\
35 & \\
\hline
19 & \\
14 & \\
\hline
5 &
\end{array}
$$

Et commençant par la gauche du dividende, je devrais dire : En 8 mille combien de fois 7 ? mais je dis simplement : En 8 combien de fois 7 ? Il y est une fois. Cet 1 est naturellement mille, mais les chiffres qui viendront après lui donneront sa véritable valeur ; c'est pourquoi j'écris simplement 1 sous le diviseur.

Je multiplie le diviseur 7 par le quotient 1, et je porte le produit 7 sous la partie 8 que je viens de diviser ; faisant la soustraction, j'ai pour reste 1.

Ce reste 1 est la partie de 8 qui n'a pas été divisée et est une dizaine à l'égard du chiffre suivant 7 ; c'est pourquoi j'abaisse ce même chiffre 7 à côté, et je continue l'opération en disant : En 17 combien de fois 7 ? 2 fois ; j'écris ce 2 à la droite du premier quotient 1 qu'a donné la première opération.

Je multiplie, comme dans la première opération, le diviseur 7 par le quotient 2 que je viens de trouver ; je porte le produit 14 sous mon dividende partiel 17, et faisant la soustraction, il me reste 3 pour la partie qui n'a pu être divisée.

A côté de ce reste 3 j'abaisse 6, troisième chiffre du dividende, et je dis : En 36 combien de fois 7 ? 5 fois ; j'écris 5 au quotient.

Je multiplie le diviseur 7 par 5, et ayant écrit le produit 35 sous mon nouveau dividende partiel, je l'en retranche ; il me reste 1.

Enfin, à côté de ce reste 1 j'abaisse le chiffre 9 du dividende, et je dis : En 19 combien de fois 7 ? 2 fois ; j'écris 2 au quotient.

Je multiplie le diviseur 7 par ce nouveau quotient 2, et ayant écrit le produit 14 sous mon dernier dividende partiel 19, j'ai pour reste 5.

Je trouve donc que 8769 contiennent 7 autant de fois que le marque le quotient que nous avons écrit, c'est-à-dire 1252 fois, et qu'il reste 5.

A l'égard de ce reste, nous nous contenterons pour le présent de dire qu'on l'écrit à côté du quotient, comme on le voit dans cet exemple, c'est-à-dire en écrivant le diviseur au-dessous de ce reste et séparant l'un de l'autre par un trait ; alors on prononce *cinq septièmes*. Nous expliquerons par la suite la nature de ces sortes de nombres.

61. Si, dans la suite de l'opération, un des dividendes partiels se trouvait ne pas contenir le diviseur, on écrirait zéro au quotient, et, omettant la multiplication, on

abaisserait de suite un autre chiffre à côté de ce dividende partiel, et on continuerait la division.

EXEMPLE.

Soit à diviser 14464 par 8.

```
14464  | 8
   8   |‾‾‾‾‾‾
 ‾‾‾   | 1808
  64
  64
 ‾‾‾‾
  064
   64
 ‾‾‾‾
    0
```

Je prends ici les deux premiers chiffres du dividende
parce que le premier ne contient pas le diviseur.

Je trouve que 14 contient 8 1 fois : j'écris 1 au quotient; je multiplie 8 par 1, et je retranche le produit 8
de 14; ce qui me donne pour reste 6, à côté duquel j'a-
baisse le troisième chiffre 4 du dividende.

Je continue, en disant : En 64 combien de fois 8?
8 fois : j'écris 8 au quotient, et, faisant la multiplication, j'ai pour produit 64, que je retranche du dividende partiel 64; il me reste 0, à côté duquel j'abaisse 6,
quatrième chiffre du dividende; et comme 6 ne contient
pas 8, j'écris 0 au quotient, et j'abaisse à côté de 6 le dernier chiffre du dividende, qui est ici 4, pour dire : En 64
combien de fois 8? il y est 8 fois; après avoir écrit 8 au
quotient, je fais la multiplication et je retranche le produit 64 : il ne reste rien, d'où je conclus que 14464 contiennent 1808 fois 8.

De la division par un nombre de plusieurs chiffres.

62. Lorsque le diviseur se compose de plusieurs
chiffres, procédez de la manière suivante.

Prenez sur la gauche du dividende autant de chiffres qu'il est nécessaire pour contenir le diviseur.

Ensuite, au lieu de chercher, comme précédemment, combien la partie du dividende que vous avez prise contient le diviseur entier, cherchez seulement combien de fois le premier chiffre du diviseur est compris dans le premier chiffre du dividende, ou dans les deux premiers si le premier ne suffit pas; écrivez ce quotient sous le diviseur.

Multipliez successivement, selon la règle donnée (50), tous les chiffres du diviseur par ce quotient, et portez à mesure les chiffres du produit sous les chiffres correspondants du dividende partiel. Faites la soustraction, et à côté du reste abaissez le chiffre suivant du dividende, pour continuer l'opération de la même manière.

EXEMPLE.

On propose de diviser 75347 par 53.

$$
\begin{array}{r|l}
75347 & 53 \\
53 & \overline{\;1421\; \frac{34}{53}} \\
\cline{1-1}
223 & \\
212 & \\
\cline{1-1}
\;114 & \\
\;106 & \\
\cline{1-1}
\quad 87 & \\
\quad 53 & \\
\cline{1-1}
\quad 34 &
\end{array}
$$

Je prends seulement les deux premiers chiffres du dividende, parce qu'ils contiennent le diviseur, et au lieu de dire : En 75 combien de fois 53, je cherche seulement combien les 7 dizaines de 75 contiennent les 5 dizaines de 53, c'est-à-dire combien 7 contient 5 : je trouve une fois, que j'écris au quotient.

Je multiplie 53 par 1, et je porte le produit 53 sous 75 : la soustraction faite, il reste 22, à côté duquel j'abaisse le chiffre 3 du dividende, et je poursuis, en disant, pour plus de facilité : En 22 combien de fois 5 (au lieu de dire : En 223 combien de fois 53); je trouve 4 fois, que j'écris au quotient.

Je multiplie successivement par 4 les deux chiffres du diviseur, et je porte le produit 212 sous le dividende partiel 223; la soustraction faite, j'ai pour reste 11; j'abaisse à côté de ce reste le chiffre 4 du dividende, et je dis simplement : En 11 combien de fois 5? 2 fois; je l'écris au quotient, et je multiplie 53 par 2, ce qui me donne 106, que j'écris sous le dividende partiel 114; faisant la soustraction, j'ai pour reste 8, à côté duquel j'abaisse le dernier chiffre 7; je divise de même 87, et, continuant comme ci-dessus, je trouve 1 pour quotient et 34 pour reste, que j'écris à côté du quotient de la manière qui a été indiquée plus haut (60).

63. On devrait, à la rigueur, chercher combien de fois chaque dividende partiel contient le diviseur entier ; mais comme cette recherche serait souvent longue et pénible, on se contente, comme on vient de le voir, de chercher combien la partie la plus forte de ce dividende contient la partie la plus forte du diviseur. Le quotient qu'on trouve ainsi n'est pas toujours exact, parce qu'en opérant de cette manière, on ne fait réellement qu'une estimation approchée : or cette estimation met presque toujours sur le but, et dans les cas où elle n'y met pas, elle en écarte peu; la multiplication qui vient ensuite sert à redresser ce qu'il peut y avoir de défectueux dans ce jugement. En effet, si le dividende partiel contenait réellement le diviseur 3 fois, par exemple, et que par l'essai qu'on fait on eût trouvé 4 fois, il est facile de voir qu'en multipliant par 4, on aurait un produit plus grand que le dividende, puisqu'on prendrait le diviseur plus de fois qu'il n'est réellement dans ce dividende, et

par conséquent la soustraction deviendrait impossible; alors on diminue le quotient successivement d'une, deux, etc., unités, jusqu'à ce qu'on trouve un produit qu'on puisse retrancher : au contraire, si l'on n'avait mis que 2 au quotient, le reste de la soustraction se trouverait plus grand que le diviseur, ce qui prouverait que le diviseur y est encore contenu, et que par conséquent le quotient est trop faible.

On acquiert en peu de temps l'usage de prévoir de combien on doit diminuer ou augmenter le quotient que donne la première épreuve.

EXEMPLE.

On propose de diviser 189492 par 375.

$$\begin{array}{r|l} 189492 & 375 \\ 1875 & \overline{505\frac{117}{375}} \\ \hline \quad 1992 \\ \quad 1875 \\ \hline \quad 117 \end{array}$$

Je prends les quatre premiers chiffres du dividende, parce que les trois premiers ne contiennent pas le diviseur.

Je dis : En 18 seulement combien de fois 3? il y est réellement 6 fois; mais en multipliant 375 par 6, j'aurais plus que mon dividende 1894 : j'écris seulement 5 au quotient. Je multiplie 375 par 5, et après avoir écrit le produit sous 1894, je fais la soustraction et j'ai pour reste 19.

J'abaisse à côté de 19 le chiffre 9 du dividende; et comme 199 que j'ai alors ne contient pas 375, je pose 0 au quotient et j'abaisse à côté de 199 le chiffre 2 du dividende, ce qui me donne 1992 pour lequel je dis : En 19 seulement combien de fois 3? 6 fois; mais, par la même raison que ci-dessus, je n'écris au quotient que

5, et après avoir opéré comme précédemment, j'ai pour reste 117.

64. Voici une réflexion qui peut servir à éviter, dans un grand nombre de cas, les tentatives inutiles. On est principalement exposé à ces essais douteux, lorsque le second chiffre du diviseur est sensiblement plus grand que le premier. Dans ce cas, au lieu de chercher combien le premier chiffre du diviseur est contenu dans la partie correspondante du dividende, il faut chercher combien ce premier chiffre, augmenté d'une unité, se trouve contenu dans la partie correspondante du dividende; cette épreuve se rapprochera toujours beaucoup plus de l'exactitude que la première.

EXEMPLE.

On propose de diviser 1832 par 288.

$$\begin{array}{c|c} 1832 & 288 \\ 1728 & \overline{6\ \frac{104}{288}} \\ \hline 104 & \end{array}$$

Au lieu de dire: En 18 combien de fois 2? je dis: En 18 combien de fois 3? parce que le diviseur 288 approche beaucoup plus de 300 que de 200; je trouve 6, qui est le véritable quotient, tandis que par le premier procédé j'aurais trouvé 9, ce qui m'aurait conduit à faire trois essais inutiles.

Moyens d'abréger la méthode précédente.

65. C'est pour rendre la méthode plus facile à saisir que nous avons prescrit d'écrire sous chaque dividende partiel le produit qu'on trouve en multipliant le diviseur par le quotient; mais comme le but de l'arithmétique doit être d'abréger les opérations, nous croyons devoir faire remarquer qu'on peut se dispenser d'écrire ces produits, et faire la soustraction à mesure qu'on a multi-

plié chaque chiffre du diviseur. L'exemple suivant suffira pour faire entendre comment se fait cette soustraction.

EXEMPLE.

On veut diviser 756984 par 932.

$$
\begin{array}{r|l}
756984 & 932 \\
1138 & \overline{812\ \frac{200}{932}} \\
2064 & \\
\hline
200 &
\end{array}
$$

Après avoir pris les quatre premiers chiffres du dividende, qui sont nécessaires pour contenir le diviseur, je trouve que 75 contient 9, 8 fois, j'écris 8 au quotient ; et au lieu de porter sous 7569 le produit de 932 par 8, je multiplie d'abord 2 par 8, ce qui me donne 16 ; mais comme je ne puis ôter 16 de 9, j'emprunte sur le chiffre suivant 6 une dizaine qui, jointe à 9, me donne 19, duquel ôtant 16, il me reste 3, que j'écris au-dessous.

Pour tenir compte de cette dizaine empruntée, au lieu de diminuer d'une unité le chiffre 6 sur lequel j'ai emprunté, je retiens cette unité, que je vais ajouter au produit suivant ; ainsi, continuant la multiplication, je dis : 8 fois 3 font 24, et 1 que j'ai retenu font 25 ; comme je ne puis ôter 25 de 6, j'emprunte sur le chiffre suivant 5 du dividende deux dizaines qui, jointes à 6, me donnent 26 ; retranchant 25, il me reste 1, que j'écris sous 6 : par là j'ai tenu compte de la première dizaine dont j'aurais dû diminuer 6, parce que j'ai retranché une dizaine de plus ; je tiendrai de même compte des deux dizaines que je viens d'emprunter. Je continue donc en disant : 8 fois 9 font 72, et 2 que j'ai empruntés font 74, lesquels ôtés de 75 donnent pour reste 1.

J'abaisse à côté du reste 113 le chiffre 8 du dividende, et je continue de la même manière, disant : En

11 combien de fois 9 ? 1 fois ; puis une fois 2 fait 2 que
je soustrais de 8, il reste 6 ; 1 fois 3 fait 3 que je soustrais de 3, il reste 0 ; 1 fois 9 est 9 que je soustrais de
11, il reste 2. J'abaisse le chiffre 4 à côté du reste 206,
et je dis : En 20 combien de fois 9 ? 2 fois ; et, faisant la
multiplication, 2 fois 2 font 4 que je soustrais de 4, il
reste 0 ; 2 fois 3 font 6 que je soustrais de 6, il reste 0;
enfin 2 fois 9 font 18 que je soustrais de 20, il reste 2.

66. Il peut arriver, dans le cours de ces divisions
partielles, que le dividende contienne le diviseur plus
de 9 fois ; cependant on ne doit jamais mettre plus de
9 au quotient : car si l'on pouvait seulement mettre
10, ce serait une preuve que le quotient trouvé par l'opération précédente serait faux, puisque la dizaine qu'on
trouverait dans le quotient actuel appartiendrait à ce
premier quotient.

67. Si le dividende et le diviseur étaient suivis de
zéros, on pourrait en ôter à l'un et à l'autre autant qu'il
y en a à la suite de celui qui en a le moins. Par exemple,
pour diviser 8000 par 400, je diviserai seulement 80
par 4 ; car il est évident que 80 centaines ne contiennent
pas plus 4 centaines que 80 unités ne contiennent 4
unités.

De la division des parties décimales.

68. Pour simplifier autant que possible, nous rédui-
rons l'opération de la division des décimales à cette
règle seule.

Mettez à la suite de celui des deux nombres proposés
qui a le moins de décimales un nombre de zéros suffisant pour que le nombre des décimales soit le même dans
chacun : cela ne changera rien à la valeur de ce nombre (30); supprimez la virgule dans l'un et dans l'autre,
et faites l'opération comme pour les nombres entiers ; il
n'y aura rien à changer au quotient que vous trouverez.

EXEMPLE.

On propose de diviser 12,52 par 4,3 :

J'écris 12,52 | 4,3 ou plutôt 12,52 | 4,30

en complétant le nombre des décimales.

Supprimant la virgule, j'ai 1252 à diviser par 430 ;
faisant l'opération,

$$1252 \; | \; 430$$
$$392 \; | \; 2 \, \frac{392}{430}$$

Je trouve 2pour quotient et 392 pour reste, c'est-à-
dire que le quotient est 2 et $\frac{392}{430}$.

Mais comme on se propose, quand on se sert des
décimales, d'éviter les fractions ordinaires, au lieu d'é-
crire le reste 392 sous la forme de fraction, comme on
vient de le faire, on continue l'opération comme
dans l'exemple suivant :

EXEMPLE.

$$1252 \; | \; 430$$
$$3920 \; | \; 2,9116$$
$$500$$
$$700$$
$$2700$$
$$120$$

Après avoir trouvé le quotient en entier, qui est ici 2,
on ajoute au reste 392 un zéro qui, à la vérité, rend ce
reste dix fois trop grand ; on continue de diviser par
430 ; on écrit 9 au quotient, après avoir marqué la place
des unités entières en mettant une virgule après le 2 :
par ce moyen, le 9 n'exprime plus que des dixièmes ;
après la multiplication et la soustraction faites, on
ajoute au reste 50 un zéro, ce qui revient au même que

d'en mettre deux à côté du dividende ; mais en écrivant après 9 le quotient 1, on lui donne par là sa véritable valeur, puisqu'alors il marque des centièmes ; on continue ainsi tant qu'on le juge nécessaire. Si l'on s'en tient à deux décimales, on a la valeur du quotient à moins d'un centième d'unité près ; en poussant jusqu'à trois chiffres, on a le quotient à moins d'un millième près, et ainsi de suite, puisqu'on ne saurait ni ajouter ni retrancher une unité sans rendre le quotient trop fort ou trop faible.

Tous les restes de division peuvent être réduits ainsi en décimales.

Il reste à expliquer pourquoi la suppression de la virgule dans le dividende et dans le diviseur ne change rien au quotient, lorsqu'on a rendu le nombre des décimales le même dans chacun de ces deux nombres ; il est facile de s'en rendre compte. En effet, dans l'exemple ci-dessus, le dividende 12,52 et le diviseur 4,30 représentent 1252 centièmes et 430 centièmes, puisque les unités entières valent des centaines de centièmes (22) : or il est clair que 1252 centièmes contiennent autant de fois 430 centièmes que 1252 unités contiennent 430 unités ; donc la considération de la virgule est inutile, quand on a complété le nombre des décimales.

69. Lorsqu'on n'a besoin de connaître le quotient d'une division que jusqu'à un degré d'exactitude proposé, on peut abréger le calcul par la méthode suivante. Nous supposerons d'abord qu'on n'a besoin de connaître ce quotient qu'à une unité près ; nous ferons voir ensuite comment on doit appliquer la méthode pour l'avoir aussi près qu'on voudra. Voici la règle :

Supprimez, sur la droite du dividende, autant de chiffres, moins un, qu'il y en a dans le diviseur ; faites ensuite la division comme à l'ordinaire. S'il n'y a point de reste, écrivez à la suite du quotient autant de zéros que vous avez supprimé de chiffres dans le dividende ; mais s'il y a un reste, continuez de diviser, non pas par le même diviseur qu'auparavant, ce qui n'est plus possible, mais par ce diviseur dont vous aurez supprimé le dernier chiffre de la droite ; ensuite divisez le nouveau reste par le diviseur précédent, dont vous supprimerez le dernier chiffre sur la droite ; continuez ainsi de diviser, en supprimant à chaque division un chiffre sur la droite du diviseur.

EXEMPLE.

On veut avoir, à moins d'une unité près, le quotient de 8789236487 divisé par 64423. Je supprime les quatre derniers chiffres de la droite du dividende, et je divise 878923 par le diviseur proposé 64423.

878923	64423
234693	136430
41424	6442
2772	644
196	64
4	6

Je trouve d'abord 13 pour quotient et 41424 pour reste : je divise donc les 41424 par 6442, en supprimant le dernier chiffre 3 du diviseur ; j'ai pour quotient 6, que j'écris à la suite du premier quotient 13, et le reste est 2772, que je divise par 644, en supprimant encore un chiffre sur la droite du diviseur primitif : j'ai pour quotient 4, que j'écris à la suite du quotient principal 136 ; le reste est 196, que je divise par 64, en supprimant encore un chiffre dans le diviseur : le quotient est 3 et le reste 4. Enfin, je divise par 6 et j'ai 0 pour quotient ; en sorte que le quotient de 8789236487 divisé par 64423 est 136430, à moins d'une unité près. En effet, le quotient exact est $136430\frac{6597}{64423}$.

Il n'est pas indispensable d'écrire à chaque fois, comme nous l'avons fait, le nouveau diviseur ; on peut se contenter de barrer, dans le diviseur primitif, chaque chiffre à mesure qu'on passe à une nouvelle division : c'est pour rendre l'opération plus sensible que nous avons écrit ces diviseurs à côté des restes successifs.

70. Si le reste de la première division se trouvait plus petit que n'est le diviseur après qu'on a supprimé le dernier chiffre, on mettrait zéro au quotient; et s'il se trouvait encore plus petit que ne serait ce diviseur après qu'on en a encore ôté le dernier des chiffres restants, on mettrait encore un zéro au quotient, et ainsi de suite.

EXEMPLE.

Pour avoir, à moins d'une unité près, le quotient de 55106054 divisé par 643, je divise comme à l'ordinaire la partie 551060 qui reste après la suppression des deux derniers chiffres du dividende proposé.

551060	643
3666	85701
4510	64
009	6
9	
9	
3	

J'ai pour quotient 857, et 9 pour reste : il faut donc diviser ce reste par 64 seulement ; comme 9 ne contient pas ce diviseur, je mets 0 au quotient, et j'ai encore pour reste 9, que je divise par 6 seulement, en sorte que le quotient cherché est 85701, à moins d'une unité près.

71. Si au commencement de l'opération, après avoir supprimé sur la droite du dividende les chiffres que la règle prescrit de supprimer, les chiffres restants ne contiennent pas le diviseur, on supprime sur la droite du diviseur autant de chiffres qu'il est nécessaire pour que le diviseur y soit contenu.

EXEMPLE.

On veut avoir, à moins d'une unité près, le quotient de 1611527 divisé par 64524. Je supprime les quatre chiffres 1527 de la droite du dividende; mais comme les chiffres restants 161 ne peuvent pas être divisés par 64524, je supprime dans ce diviseur les trois derniers chiffres 524 pour que ce diviseur soit contenu dans le dividende restant 161 : ainsi je divise 161 par 64, en opérant comme dans l'exemple précédent.

$$
\begin{array}{c|c}
161 & 64 \\
33 & \overline{} \\
3 & 25 \\
& 6
\end{array}
$$

et j'ai 25 pour le quotient de 1611527 divisé par 64524, à moins d'une unité près. En effet, le quotient exact est $24\frac{62951}{64524}$, qui est beaucoup plus près de 25 que de 24.

72. A mesure qu'on supprime un chiffre dans le diviseur, il convient, pour plus d'exactitude, d'augmenter d'une unité le dernier de ceux qui restent, si celui qu'on supprime est au-dessus de 5 ou égal à 5. On augmentera de même d'une unité le dernier des chiffres qui restent dans le dividende après la suppression que la règle prescrit, si ceux-ci surpassent ou 5, ou 50, ou 500, selon qu'il y en a 1, ou 2, ou 3, etc.

EXEMPLE.

On veut avoir, à moins d'une unité près, le quotient de 8657627 divisé par 1987. Je divise donc 8658 par 1987, comme il suit :

$$
\begin{array}{c|c}
8658 & 1987 \\
710 & \overline{} \\
113 & 4357 \\
13 & 199 \\
& 20 \\
& 2
\end{array}
$$

C'est-à-dire qu'au lieu de diviser le reste 710 par 198 seulement, je le divise par 199, parce que le dernier chiffre 7, que je supprime, est au-dessus de 5 : même raison pour la division suivante; mais comme le dernier diviseur, qui est contenu 6 fois $\frac{1}{2}$ dans 13, est un peu trop fort, je mets 7 au quotient pour compenser.

73. Maintenant il est facile de voir ce qu'il y a à faire, lorsqu'on veut avoir le quotient beaucoup plus exactement. Par exemple, si l'on veut avoir le quotient à un dix-millième d'unité près, la question se réduit à mettre autant de zéros (ici ce serait quatre) à la suite du dividende qu'on veut avoir de décimales au quotient; après quoi on fait la division selon la méthode actuelle; et lorsqu'on a trouvé le quotient à moins d'une unité près, on en sépare sur la droite, par une virgule, autant de chiffres qu'on voulait avoir de décimales.

EXEMPLE.

On veut avoir, à moins d'un dix-millième d'unité près, le quotient de 6927 divisé par 4532 : je mets quatre zéros à la suite de 6927, et la question se réduit à avoir, à moins d'une unité près, le quotient de 69270000 divisé par 4532, c'est-à-dire, conformément à la règle ci-dessus, à diviser 69270 par 4532, comme il suit :

69270	4532
23950	15285
1290	453
384	45
24	5

Le quotient cherché est donc 1,5285, à moins d'un dix-millième d'unité près.

S'il y avait des décimales dans le dividende ou dans le diviseur, ou dans tous les deux, on les ramènerait d'abord à n'en point avoir, selon ce qui a été dit (68), après quoi on opérerait comme dans ce dernier exemple.

Donc, si l'on voulait réduire une fraction proposée en décimales, on y parviendrait promptement par cette méthode, ayant égard à ce qui a été dit (71).

Ainsi, si l'on veut réduire $\frac{4253}{9678}$ en décimales et en avoir la valeur à moins d'un millième d'unité près, on aura 4253000 à diviser par 9678; ce qui (69) se réduira à diviser 4253 par 6978, ou (71) à diviser 4253 par 968 selon la méthode actuelle. On trouvera donc 439 : ainsi on aura 0,439 pour la valeur de $\frac{4253}{9678}$, à moins d'un millième près.

74. Il pourrait cependant arriver que le quotient trouvé d'après ces règles fût fautif de 1, 2 ou 3 unités dans le dernier chiffre. Ce cas doit se rencontrer très-rarement; cependant il n'est pas inutile de remarquer qu'on peut toujours le prévenir facilement, en ne séparant, au commencement de l'opération, sur la droite du dividende, qu'autant de chiffres moins deux qu'il y en a dans le diviseur, et opérant du reste comme ci-dessus. Lorsque le quotient sera trouvé, on en supprimera le dernier chiffre, en ayant soin d'ajouter une unité au dernier de ceux qui resteront, si celui qu'on supprime est plus grand que 5.

Preuve de la multiplication et de la division.

75. On peut tirer, de la définition même que nous avons donnée de chacune de ces deux opérations, le moyen d'en faire la preuve.

Puisque dans la multiplication on prend le multiplicande autant de fois que le multiplicateur contient d'unités, il s'ensuit que si l'on cherche combien de fois le produit contient le multiplicande, c'est-à-dire (59) si l'on divise le produit par le multiplicande, on doit trouver pour quotient le multiplicateur; et comme on peut prendre le multiplicande pour le multiplicateur, et vice versa, en général, *si l'on divise le produit d'une multiplication par l'un de ses facteurs, on doit trouver pour quotient l'autre facteur.*

Par exemple, ayant trouvé (50) que 2864 multiplié par 6 a donné 17184, je divise 17184 par 2864 : je dois trouver et je trouve en effet 6 pour quotient.

Pareillement, puisque le quotient d'une division indique combien de fois le dividende contient le diviseur, il s'ensuit que si l'on prend le diviseur autant de fois qu'il est indiqué par le quotient, c'est-à-dire si l'on multiplie le diviseur par le quotient, on doit reproduire le dividende lorsque la division a été faite sans reste, et que, dans le cas où il y a un reste, si l'on multiplie le diviseur par le quotient, et qu'au produit on ajoute le reste de la division, on doit reproduire le dividende.

Par exemple, nous avons trouvé (63) que 189492 divisé par 375 donnait 505 pour quotient et 117 pour reste ; en multipliant 375 par 505, on trouve 189375, auquel ajoutant le reste 117, on retrouve le dividende 189492.

Ainsi la multiplication et la division peuvent se servir de preuve réciproquement.

Mais on peut vérifier ces opérations par un moyen plus prompt que nous allons exposer : il ne faut pas, pour cela, négliger les réflexions que nous venons de faire ; elles seront utiles dans beaucoup d'autres occasions.

Preuve par 9.

76. Supposons qu'après avoir multiplié 65498 par 454 et trouvé que le produit est 29736092, on veuille s'assurer de l'exactitude de ce produit :

On ajoutera tous les chiffres 6, 5, 4, 9, 8, du multiplicande, comme s'ils ne contenaient que des unités simples, et on retranchera 9 à mesure qu'il se trouvera dans la somme ; on aura un reste, qui sera ici 5.

On ajoutera de même les chiffres 4, 5, 4 du multiplicateur, et retranchant aussi tous les 9 que produit cette addition, on aura pour reste 4.

On multipliera le reste 5 du multiplicande par le reste 4 du multiplicateur, et du produit 20 on retranchera les 9 qu'il peut renfermer; il restera 2.

Si le produit est exact, il faut qu'ajoutant de même tous les chiffres 2, 9, 7, 3, 6, 0, 9, 2, de ce produit, et retranchant tous les 9, il ne reste aussi que 2, ce qui a lieu en effet.

Cette règle est fondée sur ce principe (94) que, pour avoir le reste de la soustraction de tous les 9 qu'un nombre peut renfermer, il n'y a qu'à chercher le reste que ces chiffres, ajoutés comme des unités simples, donneraient après la suppression des 9.

Puisque 65498 est composé d'un certain nombre de 9 et d'un reste 5, et que le multiplicateur 454 est composé aussi d'un certain nombre de 9 et d'un reste 4, il ne peut s'en falloir que du produit de 5 par 4 ou 20 que le produit total ne soit divisible par 9; ou, en ôtant les 9, il ne doit s'en falloir que de 2 que le produit total ne soit divisible par 9 : donc il doit rester au produit la même quantité que dans le produit des deux restes après la suppression des 9 qu'il renferme.

On pourrait faire aussi cette preuve de la même manière par le nombre 3.

Pour faire la preuve de la division par 9, il faut ôter du dividende le reste qu'a donné la division, considérer le résultat commun comme un produit dont le diviseur et le quotient sont les facteurs, et par conséquent y appliquer la preuve par 9 de la même manière qu'on vient de le faire.

Preuve par 11.

Il faut prendre les restes de la division du multiplicande et du multiplicateur par 11, multiplier ces deux restes et retrancher 11 autant qu'il se trouve dans le nombre obtenu. On a ainsi un troisième reste. Enfin on cherche le reste de la division du produit par 11, et ce quatrième reste doit égaler le troisième.

On pourrait aussi faire la preuve de la division par 11.

On se sert plus rarement de la preuve par 11 que de la preuve par 9, parce que le caractère de divisibilité par 11 est plus compliqué que pour le chiffre 9 (94).

A parler exactement, cette vérification n'est pas infaillible, parce que, dans la multiplication par exemple, si l'on s'était trompé de quelques unités sur quelque chiffre du produit, et qu'en même temps on eût fait une erreur égale, mais en sens contraire, sur quelque autre chiffre du même produit, comme cela ne changerait rien au reste que l'on aurait après la suppression des 9 ou des 11, cette règle ne ferait point apercevoir l'erreur; mais il faut, ainsi qu'on le voit, au moins deux erreurs, et deux erreurs qui se compensent ou qui ne diffèrent que d'un certain nombre de fois 9 ou d'un certain nombre de fois 11 : les cas où cette vérification serait fautive seront très-rares dans l'usage.

Quelques usages de la division.

77. La division sert non-seulement à trouver combien de fois un nombre en contient un autre, mais encore à partager un nombre en parties égales. Prendre la moitié, le tiers, le quart, le cinquième, le vingtième, le trentième, etc., d'un nombre, c'est diviser ce nombre par 2, 3, 4, 5, 20, 30, etc., ou le partager en 2, 3, 4, 5, 20, 30, etc., parties égales, pour prendre une de ces parties. La division sert encore à convertir les unités d'une certaine espèce en unités d'une espèce supérieure : par exemple, un certain nombre de minutes en heures, et celles-ci en jours. Pour réduire 5864 minutes en heures, on remarquera que, puisqu'il faut 60 minutes pour faire une heure, autant de fois il y aura 60 minutes dans 5854 minutes, autant il y aura d'heures; il faut donc

3.

diviser par 60, et on trouvera 97 heures et 44 minutes de reste. Pour réduire en jours les 97 heures, on divise 97 par 24, puisqu'un jour se compose de 24 heures : on obtient 4 au quotient et 1 pour reste. Ainsi 5864 minutes égalent 4 jours 1 heure 44 minutes.

Remarquons que, quand on a à diviser par un nombre suivi de zéros, on peut abréger l'opération en séparant sur la droite du dividende autant de chiffres qu'il y a de zéros ; on divise la partie qui reste à gauche par les chiffres significatifs du diviseur ; s'il y a un reste, on écrit à sa suite les chiffres qu'on a séparés, ce qui donne le reste total. Par exemple, pour diviser 5834 par 20, je sépare le dernier chiffre 4 et je divise par 2 la partie restante 583 ; j'ai pour quotient 291 et 1 pour reste ; j'écris à côté de ce reste 1 le chiffre séparé 4, ce qui me donne 14 pour reste total : le quotient est 291 $\frac{14}{20}$.

Soit à diviser 2584954 par 2000. On sépare les trois derniers chiffres à droite, et prenant la moitié des autres, on a 1292 au quotient et 954 pour reste.

Des fractions.

78. Les fractions considérées arithmétiquement sont des nombres par lesquels on exprime les quantités plus petites que l'unité.

Pour se faire une idée nette des fractions, il faut concevoir que la quantité qu'on a prise d'abord pour unité est elle-même composée d'un certain nombre d'unités plus petites, comme l'on conçoit, par exemple, qu'un jour est composé de vingt-quatre parties ou de vingt-quatre unités plus petites qu'on appelle heures.

Une ou plusieurs de ces parties forment ce qu'on appelle une fraction de l'unité. On donne aussi ce nom aux nombres qui représentent ces parties.

79. Une fraction peut être exprimée en nombre de deux manières qui sont chacune en usage.

La première manière consiste à représenter, comme les nombres entiers, les parties de l'unité que contient la quantité dont il s'agit; mais alors on donne un nom particulier à ces parties. Ainsi pour marquer 7 parties dont on en conçoit 24 dans le jour, on emploierait le chiffre 7; mais on prononcerait et on écrirait 7 heures. Cette manière de marquer les parties de l'unité a lieu dans les nombres complexes, dont nous parlerons par la suite.

80. Mais comme il faudrait un signe particulier pour chaque division qu'on pourrait faire de l'unité, on évite cette multiplicité de signes en marquant une fraction par deux nombres placés l'un au-dessous de l'autre et séparés par un trait. Ainsi, pour marquer les 7 parties dont il vient d'être question, on écrit $\frac{7}{24}$, c'est-à-dire qu'en général on écrit d'abord le nombre qui marque combien la quantité dont il s'agit contient de parties de l'unité; et on écrit au-dessous de ce nombre celui qui indique combien on conçoit de ces parties de l'unité.

81. Et pour énoncer une fraction, on énonce d'abord le nombre supérieur (qui s'appelle *le numérateur*), ensuite le nombre inférieur, qui s'appelle *le dénominateur*); mais on ajoute au nom de celui-ci la terminaison *ième*. Par exemple, pour énoncer $\frac{7}{24}$, on prononcera *sept vingt-quatrièmes*; pour énoncer $\frac{4}{5}$, on prononcera *quatre cinquièmes*; et par cette expression *quatre cinquièmes*, on doit entendre quatre parties dont il en faudrait cinq pour composer l'unité.

Il faut seulement excepter de la terminaison générale les fractions dont le dénominateur est 2, 3 ou 4, qui se prononcent, *moitiés* ou *demis, tiers, quarts*. Ainsi ces fractions $\frac{1}{2}$, $\frac{2}{3}$, $\frac{3}{4}$, se prononceraient *un demi, deux tiers, trois quarts*.

82. Ainsi le numérateur indique combien la quantité représentée par la fraction contient de parties de l'unité, et le dénominateur fait connaître de quelle valeur sont ces parties, en indiquant combien il en faut pour composer

l'unité. On lui donne le nom de dénominateur, parce que c'est lui, en effet, qui donne le nom à la fraction et qui fait que dans ces deux fractions, par exemple, $\frac{3}{5}$ et $\frac{2}{7}$, les parties de la première s'appellent des *cinquièmes*, et les parties de la seconde, des *septièmes*.

83. Le numérateur et le dénominateur s'appellent aussi, d'un nom commun, les deux *termes de la fraction*.

Des entiers considérés sous la forme de fraction.

84. Les opérations qu'on fait sur les fractions conduisent souvent à des résultats fractionnaires dont le numérateur est plus grand que le dénominateur, par exemple, à des résultats tels que $\frac{8}{8}$, $\frac{27}{5}$, etc.

Ces sortes d'expressions ne sont pas des fractions proprement dites, mais ce sont des nombres entiers joints à des fractions.

85. Pour extraire les entiers qui s'y trouvent renfermés, il faut diviser le numérateur par le dénominateur. Le quotient exprime les entiers, et le reste de la division est le numérateur de la fraction qui accompagne ces entiers. Ainsi $\frac{27}{5}$ donnent $5\frac{2}{5}$, c'est-à-dire cinq entiers et deux cinquièmes.

En effet, dans l'expression $\frac{27}{5}$, le dénominateur 5 fait connaître que l'unité est composée de 5 parties : donc autant de fois il y aura 5 dans 27, autant il y aura d'unités entières dans la valeur de la fraction $\frac{27}{5}$.

86. Les multiplications et les divisions des nombres entiers joints aux fractions exigent, du moins pour la facilité, qu'on convertisse ces entiers en fraction.

On fait cette conversion en multipliant le nombre entier par le dénominateur de la fraction en laquelle on veut réduire cet entier. Par exemple, pour convertir 8 entiers en cinquièmes, on multiplie 8 par 5, et on a $\frac{40}{5}$. En effet, lorsqu'on veut convertir 8 en cinquièmes, on regarde l'unité comme composée de 5 parties; les

8 unités en contiennent donc 40. De même $7\frac{4}{9}$ convertis en neuvièmes donnent $\frac{67}{9}$.

Des changements qu'on peut faire subir aux deux termes d'une fraction sans changer sa valeur.

87. Plus on conçoit de parties dans l'unité, plus il faut de ces parties pour composer une même quantité.

88. Donc on peut rendre le dénominateur d'une fraction double, triple, quadruple, etc., sans rien changer à la valeur de la fraction, pourvu qu'en même temps on rende aussi le numérateur double, triple, quadruple, etc.

On peut donc dire en général qu'*une fraction ne change point de valeur quand on multiplie ses deux termes par un même nombre.*

Ainsi $\frac{3}{4}$ égale $\frac{6}{8}$; $\frac{1}{2}$ égale $\frac{2}{4}$, ou $\frac{3}{6}$ ou $\frac{5}{10}$; etc.

89. De même, moins on suppose de parties dans l'unité, moins il faut de ces parties pour former une même quantité : par conséquent on peut, sans changer une fraction, rendre son dénominateur 2, 3, 4, etc., fois plus petit, pourvu qu'en même temps on rende son numérateur 2, 3, 4, etc., fois plus petit; et en général, *une fraction ne change point de valeur quand on divise ses deux termes par un même nombre.*

Pour voir distinctement la vérité de ces deux propositions, il suffit de se rappeler la signification du dénominateur et celle du numérateur d'une fraction.

Remarquons donc que multiplier ou diviser les deux termes d'une fraction par un même nombre n'est point multiplier ou diviser la fraction, puisque, comme nous venons de le dire, elle ne change point de valeur par ces opérations.

Les deux principes que nous venons de poser sont la base des deux réductions suivantes, qui sont d'un très-grand usage.

Réduction des fractions à un même dénominateur.

90. 1° Pour réduire deux fractions à un même dénominateur, multipliez les deux termes de la première chacun par le dénominateur de la seconde, et les deux termes de la seconde chacun par le dénominateur de la première.

Par exemple, pour réduire à un même dénominateur les deux fractions $\frac{2}{3}$, $\frac{3}{4}$, je multiplie 2 et 3, qui sont les deux termes de la première fraction, chacun par 4, dénominateur de la seconde, et j'ai $\frac{8}{12}$, qui (88) a la même valeur que $\frac{2}{3}$.

Je multiplie de même les deux termes 3 et 4 de la seconde fraction chacun par 3, dénominateur de la première, et j'ai $\frac{9}{12}$, qui a la même valeur que $\frac{3}{4}$; de sorte que les fractions $\frac{2}{3}$ et $\frac{3}{4}$ sont changées en $\frac{8}{12}$ et $\frac{9}{12}$, qui ont respectivement la même valeur que celles-là et qui ont le même dénominateur entre elles.

Il est facile de voir que, par cette méthode, le dénominateur sera toujours le même pour chacune des deux nouvelles fractions, puisque dans chaque opération le nouveau dénominateur est formé de la multiplication des deux dénominateurs primitifs.

91. 2° Si on a plus de deux fractions, on les réduit toutes au même dénominateur, en multipliant les deux termes de chacune par le produit résultant de la multiplication des dénominateurs des autres fractions.

Par exemple, pour réduire à un même dénominateur les quatre fractions $\frac{2}{3}$, $\frac{3}{4}$, $\frac{4}{5}$, $\frac{5}{7}$, je multiplierai les deux termes 2 et 3 de la première par le produit des trois dénominateurs 4, 5, 7 des autres fractions, produit que je trouve en disant : 4 fois 5 font 20, puis 7 fois 20 font 140 ; je multiplie donc 2 et 3 chacun par 140, et j'ai $\frac{280}{420}$, qui a la même valeur que $\frac{2}{3}$ (88).

Je multiplie pareillement les deux termes 3 et 4 de la

seconde fraction par le produit de 3, 5, 7, produit que je forme en disant : 3 fois 5 font 15, puis 7 fois 15 font 105; je multiplie donc 3 et 4 chacun par 105, ce qui me donne $\frac{315}{420}$, fraction égale à $\frac{3}{4}$.

Passant à la troisième fraction, je multiplie ses deux termes 4 et 5 chacun par 84, produit des trois dénominateurs 3, 4 et 7, et j'ai $\frac{336}{420}$ au lieu de $\frac{4}{5}$.

Enfin, pour la quatrième, je multiplie 5 et 7 chacun par le produit 60 des dénominateurs 3, 4, 5 des trois premières fractions, et j'ai $\frac{300}{420}$ au lieu de $\frac{5}{7}$. Ainsi les quatre fractions $\frac{2}{3}$, $\frac{3}{4}$, $\frac{4}{5}$, $\frac{5}{7}$, sont changées en $\frac{280}{420}$, $\frac{315}{420}$, $\frac{336}{420}$, $\frac{300}{420}$, moins simples, à la vérité, que celles-là, mais de même valeur qu'elles et plus susceptibles, par leur dénominateur commun, des opérations de l'addition et de la soustraction.

Remarquons que le dénominateur de chaque nouvelle fraction étant formé du produit de tous les dénominateurs primitifs, ce nouveau dénominateur ne peut manquer d'être le même pour chaque fraction.

Réduction des fractions à leur plus simple expression.

92. Une fraction est d'autant plus simple que ses deux termes sont de plus petits nombres. Il est souvent possible d'amener une fraction proposée à être exprimée par des nombres plus faibles, et cela lorsque son numérateur et son dénominateur peuvent être divisés par un même nombre; comme cette opération n'en change point la valeur (89), c'est une simplification qu'on ne doit pas négliger.

Voici le procédé qu'il faut suivre.

93. On divise le numérateur et le dénominateur chacun par 2, et on répète cette division tant qu'elle peut se faire exactement.

On divise ensuite les deux termes par 3, et on continue

de diviser l'un et l'autre par 3 tant que cela peut se faire.

On opère de même successivement avec les nombres 5, 7, 11, 13, 17, etc., c'est-à-dire avec les nombres qui n'ont aucun diviseur qu'eux-mêmes, ou l'unité, et qu'on appelle *nombres premiers*.

Deux nombres sont dits *premiers entre eux* quand ils n'ont d'autre diviseur commun que l'unité. Ainsi 8 et 9 sont premiers entre eux, parce qu'aucun des diviseurs de 8, excepté 1, ne divise 9.

Ainsi la seule difficulté est de savoir dans quel cas un nombre est divisible par 2, 3, 5, etc.

On peut, dans cette recherche, s'aider des principes suivants :

94. Un nombre est divisible par un autre, ou est multiple d'un autre, quand la division se fait sans reste : ainsi 15 est divisible par 5 ou est un multiple de 5.

Lorsqu'un nombre en divise un autre, il en divise les multiples.

Un nombre divisible par 2 s'appelle *nombre pair*. On appelle *nombre impair* celui qui n'est pas divisible par 2.

Lorsqu'un nombre en divise plusieurs autres, il divise leur somme : 5 divise 15 et 20, je soutiens que 5 divise 35, somme de ces deux nombres ; en effet, 15 égale 3 fois 5, 20 égale 4 fois 5 : donc 35 égale 3 fois plus 4 fois 5, c'est-à-dire 7 fois 5 ; donc 35 est divisible par 5.

Lorsqu'un nombre en divise deux autres, il divise leur différence : 5 divise 35 et 20, je soutiens que 5 divise leur différence 15 ; en effet, 35 égale 7 fois 5, 20 égale 4 fois 5 : donc leur différence égale 7 fois moins 4 fois 5, c'est-à-dire 3 fois 5, donc 15 est divisible par 5.

Un nombre est divisible par 2 quand il est terminé par un zéro ou par un des chiffres pairs 2, 4, 6, 8.

En effet, si le nombre est terminé par un zéro, il se compose d'un nombre exact de dizaines : donc il est divi-

sible par 10 ; or 2 divise 10 : donc 2 divise le nombre
proposé.

Si le nombre est terminé par un chiffre pair, il peut
être décomposé en un nombre terminé par un zéro plus
le chiffre des unités : chacune de ces deux parties étant
divisible par 2, leur somme est divisible par 2. Ainsi
154 égale 150 plus 4 ; or 2 divise 150 et divise 4 : donc 2
divise 154.

On démontrerait par un raisonnement analogue:
1º qu'un nombre est divisible par 4, quand il est terminé par deux zéros ou que le nombre formé par les deux
derniers chiffres est divisible par 4 ; 2º qu'un nombre
est divisible par 8 quand il est terminé par trois zéros,
ou quand le nombre formé par les trois derniers chiffres
est divisible par 8.

*Un nombre est divisible par 9, quand la somme de ses
chiffres considérés comme unités simples est divisible
par 9.*

En effet tout chiffre significatif suivi d'un ou de plusieurs zéros égale un certain nombre de fois 9 plus ce
chiffre.

$$10 \text{ égale } 9 \text{ plus } 1,$$
$$100 \text{ égale } 99 \text{ plus } 1,$$
$$1000 \text{ égale } 999 \text{ plus } 1;$$

puisque 100 est un multiple de 9 plus 1, 5 fois 100 ou
500 sera un multiple de 9 plus 5.

Soit donné le nombre 4365. On peut le décomposer
ainsi : 4000 plus 300 plus 60 plus 5.

Or, 4000 égale un multiple de 9, plus 4 ; 300 est un
multiple de 9, plus 3 ; 60 est un multiple de 9, plus 6.
Donc la somme de ces nombres 4365 est un multiple
de 9, plus la somme des chiffres 4, 3, 6, 5. D'où l'on
peut conclure que tout nombre est un multiple de 9
augmenté de la somme de ses chiffres.

Il suffit dès lors que la somme des chiffres soit divisible par 9 pour que le nombre le soit. Le nombre 4365

est divisible par 9, parce que la somme de ses chiffres 18 est divisible par 9.

Remarque. Le reste de la division d'un nombre par 9 est le même que le reste de la somme de ses chiffres par 9.

Le nombre 5737 divisé par 9 donne pour reste 4, parce que la somme de ses chiffres 22, divisé par 9, donne 4 pour reste.

Un nombre est divisible par 3, *quand le reste de la division par* 9 *est divisible par* 3.

En effet, supposons un nombre qui divisé par 9 donne pour reste 6. La première partie de ce nombre étant un multiple de 9 est divisible par 3; d'autre part, 6 est aussi divisible par 3 : donc le nombre est divisible par 3.

Un nombre est divisible par 11 *quand la somme des chiffres de rang impair, diminuée de la somme des chiffres de rang pair, est zéro ou divisible par* 11.

Soit le nombre 83765. On peut le décomposer en deux autres nombres. En remplaçant d'abord les chiffres de rang pair par des zéros, on a 80705; puis, en remplaçant les chiffres de rang impair par des zéros, on a 3060. Le nombre 83765 égale 80705 plus 3060.

Prenons le premier de ces deux nombres, 80705. Il se décompose en 80000 plus 700 plus 5. Or, 80000 est un multiple de 11 plus 8, 700 est un multiple de 11 plus 7 : donc 80705 est un multiple de 11 plus la somme dés chiffres 8, 7, 5 ou 20.

Le deuxième nombre 3060 se décompose en 3000 plus 60. Or, 3000 serait divisible par 11, si on ajoutait 3 unités; 60 serait divisible par 11 en ajoutant 6 : donc 3060 serait divisible par 11 en ajoutant 3 et 6, c'est-à-dire 9.

En résumé, le premier des deux nombres divisé par 11 donne pour reste la somme de ses chiffres, et le deuxième est un multiple de 11 moins la somme de ses chiffres;

donc, en les ajoutant, on obtient 83765, qui est un mul-tiple de 11, plus 20, moins 9.

Donc, tout nombre est un multiple de 11, plus la somme des chiffres de rang impair, moins la somme des chiffres de rang pair. Il suffit alors que cette différence soit divisible par 11 pour que le nombre le soit. Ainsi, dans l'exemple précédent, 20, somme des chiffres de rang impair, moins 9, somme des chiffres de rang pair, égale 11 : donc le nombre 83765 est divisible par 11.

Si la somme des chiffres de rang pair était plus forte que celle des chiffres de rang impair, il faudrait ajouter à celle-ci autant de fois 11 que cela serait nécessaire pour que la soustraction fût possible.

Tout nombre terminé par un 5 ou par un zéro est divisible par 5.

Il est facile de trouver des caractères de divisibilité par 7 et par les autres nombres premiers ; mais l'examen qu'ils exigent étant aussi long que la division même par ces nombres, ces caractères ne présentent pas la même utilité.

Proposons-nous de réduire la fraction $\frac{2046}{5796}$. Je divise les deux termes par 2, parce que les deux derniers chiffres de chacun sont pairs, et j'ai $\frac{1008}{2898}$; je divise encore par 2, et j'ai $\frac{504}{1449}$. Ce qui a été dit ci-dessus m'apprend que je puis diviser par 3 : je divise en effet, et j'ai $\frac{168}{483}$; je divise encore par 3, ce qui me donne $\frac{56}{161}$; enfin j'essaye de diviser par 7 : la division réussit et donne $\frac{8}{23}$.

La raison pour laquelle nous prescrivons de ne tenter la division que par les nombres premiers 2, 3, 5, 7, etc., c'est qu'après avoir épuisé la division par 2, par exemple, il est inutile de tenter de diviser par 4, puis-que si celle-ci pouvait réussir, à plus forte raison la di-vision par 2 aurait-elle pu encore se faire.

95. De tous les moyens qu'on peut employer pour ré-

duire une fraction à son expression la plus simple, le plus direct est celui de diviser les deux termes par le plus grand diviseur commun qu'ils puissent avoir. Voici la règle pour trouver ce plus grand diviseur :

Divisez le plus grand des deux termes par le plus petit : s'il n'y a point de reste, le plus petit terme est le plus grand diviseur commun ; s'il y a un reste, divisez le plus petit terme par ce reste, et si la division se fait exactement, ce premier reste est le plus grand diviseur commun.

Si cette seconde division donne un reste, divisez le premier reste par le second, et continuez toujours de diviser le reste précédent par le dernier reste jusqu'à ce que vous arriviez à une division exacte. Alors le dernier diviseur que vous aurez employé sera le plus grand diviseur des deux termes de la fraction.

Si le dernier diviseur est l'unité, c'est une preuve que la fraction ne peut être réduite.

Prenons pour exemple la fraction $\frac{3760}{9024}$.

	2	2	2
9024	3760	1504	752
1504	752	000	

Je divise 9024 par 3760 : j'ai pour quotient 2 et pour reste 1504. On place les quotients au-dessus des diviseurs, afin de pouvoir écrire au-dessous de chaque diviseur le reste de la division suivante.

Je divise 3760 par 1504 : j'ai pour quotient 2 et pour reste 752.

Je divise le premier reste 1504 par le second reste 752 ; la division réussit, et j'en conclus que 752 peut diviser les deux termes de la fraction $\frac{3760}{9024}$, et la réduire à sa plus simple expression, qu'on trouve, en faisant l'opération, être $\frac{5}{12}$.

En effet, on a trouvé que 752 divise 1504 : il doit

donc diviser 3760, qu'on a vu être composé de deux fois 1504 et de 752. On voit de même qu'il doit diviser 9024, puisque 9024 est composé de deux fois 3760 et de 1504.

On voit de plus que 752 est le plus grand diviseur commun que puissent avoir 3760 et 9024; car il ne peut y avoir de diviseur commun entre 9024 et 3760 qui ne le soit en même temps de 3760 et 1504; et entre ces deux-ci, il ne peut y en avoir un qui ne soit en même temps diviseur commun de 1504 et de 752; mais il est évident qu'entre ces deux-ci, il ne peut y avoir de diviseur commun plus grand que 752 : donc, etc.

Différentes manières dont on peut envisager une fraction, et conséquences qu'on peut en tirer.

96. L'idée que nous avons donnée jusqu'ici d'une fraction est que le dénominateur représente de combien de parties l'unité est composée, et le numérateur, combien il y a de ces parties dans la quantité que la fraction exprime.

On peut encore envisager une fraction sous un autre point de vue : on peut considérer le numérateur comme représentant une certaine quantité qui doit être divisée en autant de parties qu'il y a d'unités dans le dénominateur. Par exemple, dans $\frac{4}{5}$, on peut considérer 4 comme représentant quatre choses quelconques, 4 mètres par exemple, qu'il s'agit de partager en cinq parties; car il est évident que cela revient à partager 4 mètres en cinq parties pour prendre une de ces parties, ou de partager un mètre en cinq parties pour prendre 4 de ces parties.

97. On peut donc considérer le numérateur d'une fraction comme un dividende et le dénominateur comme un diviseur. On voit par là ce que signifient les restes de division mis sous la forme que nous leur avons donnée (60).

98. Il suit de là : 1° qu'un entier peut toujours être

mis sous la forme d'une fraction, en faisant de cet entier le numérateur et lui donnant l'unité pour dénominateur : ainsi 8 égale $\frac{8}{1}$, 5 égale $\frac{5}{1}$.

99. 2° Que pour convertir une fraction quelconque en décimales, il n'y a qu'à considérer le numérateur comme un reste de division où le dénominateur était diviseur, et opérer par conséquent comme il a été dit (page 41), en ayant soin de mettre d'abord un zéro au quotient pour tenir la place des unités; c'est ainsi qu'on trouvera que $\frac{3}{5}$ valent en décimales 0,6, que $\frac{5}{9}$ valent 0,555, etc., que $\frac{1}{25}$ vaut 0,04, et ainsi de suite.

C'est ainsi qu'on peut réduire en décimales tout nombre complexe proposé. Par exemple, s'il s'agit de réduire 3^j 5^h 8^m 7^s en décimales de jour, de manière à ne pas négliger une demi-seconde, je remarque que le jour contient 86400 secondes, et par conséquent 172800 demi-secondes; il faut donc, pour ne pas négliger les demi-secondes, porter l'exactitude au delà des millionièmes, c'est-à-dire jusqu'aux dix-millionièmes.

Cela posé, je réduis les 5^h 8^m 7^s tout en secondes, et j'ai 18487 secondes ou $\frac{18487}{86400}$ de jour. Réduisant cette fraction en décimales, comme il vient d'être dit, on a 0,2139699, et par conséquent 3^j,2139699 pour le nombre proposé.

Des opérations de l'arithmétique sur les fractions.

100. On fait sur les fractions les mêmes opérations que sur les nombres entiers. Les deux premières opérations, l'addition et la soustraction, exigent le plus souvent une opération préparatoire; les deux autres n'en exigent pas.

De l'addition des fractions.

101. Si les fractions ont le même dénominateur, on ajoute tous les numérateurs et on donne à la somme le dénominateur commun de ces fractions.

Ainsi pour additionner $\frac{2}{7}$, $\frac{3}{7}$, $\frac{5}{7}$, j'ajoute les numérateurs 2, 3 et 5, et j'ai par conséquent $\frac{40}{7}$, que je réduis à $1\frac{3}{7}$ (85).

102. Si les fractions n'ont pas le même dénominateur, on commence par les y réduire d'après ce qui a été enseigné (90, 91); puis on ajoute ces nouvelles fractions de la manière qui vient d'être prescrite. Ainsi, pour additionner $\frac{3}{4}$, $\frac{2}{3}$, $\frac{4}{5}$, je change ces trois fractions en ces trois autres $\frac{45}{60}$, $\frac{40}{60}$, $\frac{48}{60}$, dont la somme est $\frac{133}{60}$, qui se réduit à $2\frac{13}{60}$ (85).

De la soustraction des fractions.

103. Si les deux fractions proposées ont le même dénominateur, on soustrait le numérateur de l'une du numérateur de l'autre, et on donne au reste le dénominateur commun de ces deux fractions. S'il est question de soustraire $\frac{5}{9}$ de $\frac{8}{9}$, le reste est $\frac{3}{9}$, qui se réduit à $\frac{1}{3}$ (93).

104. Si de $9\frac{5}{8}$ on veut retrancher $4\frac{7}{8}$, comme on ne peut ôter $\frac{7}{8}$ de $\frac{5}{8}$, on emprunte sur 9 une unité, laquelle réduite en huitièmes, et ajoutée à $\frac{5}{8}$, donne $\frac{13}{8}$, desquels ôtant $\frac{7}{8}$, il reste $\frac{6}{8}$; ôtant ensuite 4 de 8 qui restent après l'emprunt, il reste en tout $4\frac{6}{8}$ ou $4\frac{3}{4}$.

105. Si les fractions n'ont pas le même dénominateur, on les y réduit (90, 91), puis on fait la soustraction comme il vient d'être dit. Ainsi, pour ôter $\frac{2}{3}$ de $\frac{3}{4}$, je change ces fractions en $\frac{8}{12}$ et $\frac{9}{12}$; et retranchant 8 de 9, il me reste $\frac{1}{12}$.

De la multiplication des fractions.

106. *Pour multiplier une fraction par une fraction, il faut multiplier le numérateur de l'une par le numérateur de l'autre et le dénominateur par le dénominateur.* Par exemple, pour multiplier $\frac{2}{3}$ par $\frac{4}{5}$, on multiplie 2 par 4, ce qui donne 8 pour numérateur: multipliant ensuite 3 par 5, on a 15 pour dénominateur, et par conséquent $\frac{8}{15}$ pour le produit.

Pour bien concevoir cette règle, il faut se rappeler que multiplier un nombre par un autre, c'est prendre le multiplicande autant de fois que le multiplicateur contient d'unités. Ainsi, multiplier $\frac{2}{3}$ par $\frac{4}{5}$, c'est prendre $\frac{4}{5}$ de fois la fraction $\frac{2}{3}$, ou plus exactement, c'est prendre 4 fois la cinquième partie de $\frac{2}{3}$: or, en multipliant le dénominateur 3 par 5, on change les tiers en quinzièmes, c'est-à-dire en parties cinq fois plus petites, et en multipliant le numérateur 2 par 4, on prend ces nouvelles parties quatre fois : on prend donc quatre fois la cinquième partie de $\frac{2}{3}$; on multiplie donc, en effet, $\frac{2}{3}$ par $\frac{4}{5}$.

107. Si l'on avait un entier à multiplier par une fraction ou une fraction à multiplier par un entier, on mettrait l'entier sous la forme de fraction, en lui donnant l'unité pour dénominateur. Par exemple, multiplier 9 par $\frac{4}{7}$, c'est multiplier $\frac{9}{1}$ par $\frac{4}{7}$, ce qui, selon la règle qu'on vient de donner, produit $\frac{36}{7}$, qui se réduisent à 5 $\frac{4}{7}$.

On voit donc que pour multiplier une fraction par un entier ou un entier par une fraction, l'opération se réduit à multiplier le numérateur de cette fraction par l'entier.

108. S'il y avait des entiers joints aux fractions, il faudrait, avant de faire la multiplication, réduire ces entiers chacun en fraction de même espèce que celle qui l'accompagne. Par exemple, si l'on a 12 $\frac{3}{5}$ à multiplier par 9 $\frac{3}{4}$, je change (86) le multiplicande en $\frac{63}{5}$ et le multiplicateur en $\frac{39}{4}$, et je multiplie $\frac{63}{5}$ par $\frac{39}{4}$, selon la règle ci-dessus (106), ce qui me donne $\frac{2457}{20}$ qui valent 122 $\frac{12}{20}$.

Division des fractions.

109. *Pour diviser une fraction par une fraction, il faut renverser les deux termes de la fraction qui sert de diviseur, et multiplier la fraction dividende par cette fraction ainsi renversée.*

Par exemple, pour diviser $\frac{4}{5}$ par $\frac{2}{3}$, je renverse la fraction $\frac{2}{3}$, ce qui donne $\frac{3}{2}$; je multiplie $\frac{4}{5}$ par $\frac{3}{2}$, selon la règle donnée (106), et j'ai $\frac{12}{10}$ ou $1\frac{2}{10}$ pour le quotient de $\frac{4}{5}$ divisé par $\frac{2}{3}$.

On se rend compte de cette opération en remarquant que diviser $\frac{4}{5}$ par $\frac{2}{3}$, c'est chercher combien de fois $\frac{4}{5}$ contiennent $\frac{2}{3}$; or, il est facile de voir que puisque le diviseur est 2 tiers, il sera contenu dans le dividende trois fois autant que s'il était 2 entiers : donc il faut diviser d'abord par 2 et multiplier ensuite par 3, ce qui n'est autre chose que prendre trois fois la moitié du dividende, ou le multiplier par $\frac{3}{2}$, qui est la fraction diviseur renversée.

110. Si l'on avait une fraction à diviser par un entier ou un entier à diviser par une fraction, on commencerait par mettre l'entier sous la forme de fraction, en lui donnant l'unité pour dénominateur : par exemple, si l'on a 12 à diviser par $\frac{5}{7}$, l'opération revient à diviser $\frac{12}{1}$ par $\frac{5}{7}$, ce qui, selon la règle qu'on vient de donner, se réduit à multiplier $\frac{12}{1}$ par $\frac{7}{5}$, et donne $\frac{84}{5}$ ou $16\frac{4}{5}$; si l'on avait $\frac{3}{4}$ à diviser par 5, on réduirait l'opération à diviser $\frac{3}{4}$ par $\frac{5}{1}$, c'est-à-dire à multiplier $\frac{3}{4}$ par $\frac{1}{5}$, ce qui donne $\frac{3}{20}$.

On voit donc que lorsqu'on a une fraction à diviser par un entier, l'opération se réduit à multiplier le dénominateur par cet entier.

111. S'il y avait des entiers joints aux fractions, on réduirait ces entiers chacun en fraction de même espèce que celle qui l'accompagne. Par exemple, si l'on avait $54\frac{3}{5}$ à diviser par $12\frac{2}{3}$, on changerait le dividende en $\frac{273}{5}$ et le diviseur en $\frac{38}{3}$, et l'opération serait réduite à diviser $\frac{273}{5}$ par $\frac{38}{3}$, c'est-à-dire (109) à multiplier $\frac{273}{5}$ par $\frac{3}{38}$, ce qui donnerait $\frac{819}{190}$ ou $4\frac{59}{190}$.

Quelques applications des règles précédentes.

112. D'après ce que nous avons dit (96), on conçoit facilement comment on peut évaluer une fraction. Qu'on demande, par exemple, ce que valent les $\frac{5}{7}$ d'un jour.

Puisque les $\frac{5}{7}$ d'un jour sont la même chose (96) que le septième de 5 jours, je réduis les 5 jours en heures (57), et je divise les 120 heures qu'ils me donnent par 7, ce qui me donne 17 heures pour quotient et 1 heure de reste ; je réduis cette heure en minutes, et je divise 60 minutes par 7 : j'ai 8 minutes pour quotient et 4 pour reste ; je réduis les 4 minutes en secondes, j'obtiens 240 secondes que je divise par 7, ce qui me donne 34 secondes $\frac{2}{7}$: donc les $\frac{5}{7}$ d'un jour égalent 17 heures 8 minutes 34 secondes et $\frac{2}{7}$ de seconde.

Si l'on demandait les $\frac{5}{7}$ de 24 jours, il est visible qu'on pourrait d'abord prendre, comme nous venons de le faire, les $\frac{5}{7}$ d'un jour, et multiplier ensuite par 24 ce qu'aurait donné cette opération ; mais il est plus commode de multiplier d'abord $\frac{5}{7}$ par 24 jours, ce qui (197) donne $\frac{120}{7}$ jours, et d'évaluer ensuite cette dernière fraction qu'on trouvera valoir 17 jours 3 heures 25 minutes 42 secondes $\frac{6}{7}$ de secondes.

113. Les fractions décimales, n'ayant point de dénominateur, sont encore plus faciles à évaluer : si l'on demande, par exemple, combien valent 0,532 de jour ; comme le jour est de 24 heures, je multiplierai 0,532 par 24, ce qui donnera 12,768 heures, c'est-à-dire 12 heures et 0,768 d'heure ; multipliant cette dernière fraction par 60 pour évaluer en minutes, on aura 46,08 minutes, c'est-à-dire 46 minutes et 0,08 de minute ; enfin multipliant celle-ci par 60 pour réduire en secondes, on aura 4,8 secondes ou 4 secondes et 0,8 de seconde, c'est-à-dire que la valeur de la fraction 0,532 de jour, sera 12 heures 46 minutes 4 secondes et 0,8 de seconde.

114. L'évaluation des fractions nous conduit naturellement à parler des *fractions de fractions*. On appelle ainsi une suite de fractions séparées les unes des autres par l'article *de* : par exemple, $\frac{2}{3}$ *de* $\frac{3}{4}$, $\frac{2}{3}$ *de* $\frac{3}{4}$ *de* $\frac{5}{6}$, *etc.*, sont des fractions de fractions. On les réduit à

une seule fraction, en multipliant tous les numérateurs entre eux et tous les dénominateurs entre eux, de sorte que la fraction $\frac{2}{3}$ *de* $\frac{3}{4}$ se réduit à $\frac{6}{12}$ ou $\frac{1}{2}$; la fraction $\frac{2}{3}$ *de* $\frac{3}{4}$ *de* $\frac{5}{6}$ se réduit à $\frac{30}{72}$ ou $\frac{5}{12}$.

En effet, prendre les $\frac{2}{3}$ *de* $\frac{3}{4}$, c'est multiplier $\frac{3}{4}$ par $\frac{2}{3}$, puisque c'est prendre $\frac{2}{3}$ de fois la fraction $\frac{3}{4}$. De même prendre les $\frac{2}{3}$ *des* $\frac{3}{4}$ *de* $\frac{5}{6}$ revient à prendre les $\frac{6}{12}$ *de* $\frac{5}{6}$, puisque $\frac{2}{3}$ *de* $\frac{3}{4}$ égalent $\frac{6}{12}$; et ce qu'on vient de dire fait connaître que les $\frac{6}{12}$ *de* $\frac{5}{6}$ reviennent à $\frac{30}{72}$ ou $\frac{6}{12}$.

Si l'on demandait les $\frac{3}{4}$ *de* 5 $\frac{3}{8}$, on convertirait l'entier 5 en huitièmes, et la question serait réduite à évaluer la fraction de fraction $\frac{3}{4}$ *de* $\frac{43}{8}$, qu'on trouverait être $\frac{129}{52}$ ou 4 $\frac{1}{32}$.

Ajoutons à tout ce que nous avons dit sur les fractions un exemple qui renferme plusieurs des règles que nous avons établies.

Une allée de jardin a 140 mètres $\frac{2}{5}$ de longueur. La première partie de cette allée est bordée de chaque côté de droite et de gauche d'une haie longue de 108 $\frac{3}{4}$. On veut border le reste de l'allée de 12 arbres de chaque côté. A quelle distance les arbres doivent-ils être plantés l'un de l'autre ?

De 140 mètres $\frac{2}{5}$, je retranche 108 $\frac{3}{4}$ (103) ; il me reste 31 $\frac{11}{12}$ pour la partie de l'allée qui doit être bordée d'arbres ; je divise 31 $\frac{11}{12}$ par 12, c'est-à-dire $\frac{383}{12}$ par $\frac{12}{4}$ (86), (110), j'ai pour quotient $\frac{383}{144}$ de mètre, qui valent 2 mètres et $\frac{95}{144}$, fraction qui, réduite en décimales, donne 0,659 ou 0,66 à un centième près : donc la distance d'un arbre à l'autre serait 2^m,66.

115. Lorsqu'une fraction exprimée par des nombres un peu considérables n'est pas réductible par la méthode donnée (95), et qu'on peut se contenter d'en avoir une valeur approchée, on peut y parvenir par la méthode suivante, qui donne alternativement des fractions plus grandes et plus petites que la proposée, mais toujours de plus en plus approchées, de sorte qu'à la dernière opéra-

tion, on retombe sur la fraction proposée. Prenons, par exemple, la fraction $\frac{100000}{314159}$, qui exprime le rapport très-approché du diamètre à la circonférence, et proposons-nous d'exprimer cette fraction par d'autres fractions moins exactes, à la vérité, mais exprimées par des nombres plus simples.

Divisez le numérateur et le dénominateur par le numérateur, vous aurez $\dfrac{1}{3\frac{14159}{100000}}$. Pour avoir une première valeur approchée, négligez la fraction qui accompagne 3, et vous aurez $\frac{1}{3}$ pour première valeur approchée, mais un peu trop forte.

Pour avoir une valeur plus approchée, divisez le numérateur et le dénominateur de la fraction qui accompagne 3, chacun par le numérateur de cette fraction, et vous aurez $\dfrac{1}{3\dfrac{1}{7\frac{887}{14159}}}$; négligez la fraction qui accompagne 7, vous aurez $\dfrac{1}{3\frac{1}{7}}$, ou (86) $\dfrac{1}{\frac{22}{7}}$, ou (109) $\frac{7}{22}$ pour seconde valeur, qui est plus approchée que la première, mais un peu trop faible.

Pour avoir une valeur plus approchée, divisez le numérateur et le dénominateur de la fraction qui accompagne 7 chacun par le numérateur de cette fraction ; vous aurez $\dfrac{1}{3\dfrac{1}{7\dfrac{1}{15\frac{854}{887}}}}$; supprimez la fraction qui accompagne 15, et vous aurez $\dfrac{1}{3\dfrac{1}{7\frac{1}{15}}}$ qui revient à $\frac{106}{333}$, valeur plus approchée, mais un peu trop forte.

Pour avoir une valeur encore plus approchée, divisez

les deux termes de la fraction qui accompagne 15 cha-

cun par le numérateur 854, et vous aurez $\cfrac{1}{3 - \cfrac{1}{7 - \cfrac{1}{15 - \cfrac{1}{1\frac{33}{854}}}}}$;

négligeant la fraction $\frac{33}{854}$, vous aurez pour valeur plus approchée $\frac{113}{355}$, mais qui est un peu trop faible. On voit à présent comment on peut continuer.

***

Des nombres complexes.

116. Quoique les règles que nous avons exposées jusqu'ici puissent servir aussi à calculer les nombres complexes, nous croyons cependant devoir considérer ceux-ci d'une manière plus particulière, parce que la division qu'on y fait de l'unité principale en facilite souvent le calcul.

Il y a plusieurs sortes de nombres complexes, et les règles pour les calculer tiennent beaucoup à la division qu'on a faite de l'unité. Cependant il n'est pas nécessaire d'examiner toutes ces espèces pour être en état de les calculer; mais il importe de savoir quels rapports leurs différentes parties ont tant entre elles qu'à l'égard de l'unité principale[1].

---

1. Autrefois les poids, les mesures, les monnaies, étaient représentés paar des nombres complexes. Depuis l'adoption du système métrique, ces unités ont disparu et les calculs se sont beaucoup simplifiés. Cependant d'autres nombres complexes sont restés en usage : tels sont la circonférence, le jour, etc. La circonférence se subdivise en 360 parties égales nommées degrés, chaque degré en 60 minutes et chaque minute en 60 secondes. Les degrés sont représentés par le signe °, les minutes par ′ et les secondes par ″ : ainsi on écrit 5 degrés, 6 minutes, 8 secondes, 5° 6′ 8″. Le jour se divise en 24 heures, chaque heure en 60 minutes et chaque minute en 60 secondes.

Addition des nombres complexes.

117. Pour faire cette opération, on écrit tous les nombres proposés les uns au-dessous des autres, de manière que toutes les parties d'une même espèce se trouvent chacune dans une même colonne verticale, et après avoir souligné le tout, on commence l'addition par les parties de l'espèce la plus petite. Si leur somme ne compose pas une unité de l'espèce immédiatement superieure, on l'écrit sous les unités de son espèce; si elle renferme assez de parties pour composer une ou plusieurs unités de l'espèce immédiatement supérieure, on n'écrit au-dessous de cette colonne que l'excédant d'un nombre juste d'unités de cette seconde espèce, et on retient celle-ci pour les ajouter avec leurs semblables, sur lesquelles on procède de la même manière.

On propose d'ajouter :

227 heures	14 minutes	8 secondes
2549	18	55
184	11	11
17	45	7
2978 heures	29 minutes	8 secondes

La somme des secondes est 81, qui renferme 1 minute et 21 secondes; je pose les 21 secondes, et je retiens 1 minute, que j'ajoute avec les unités de minutes; ce qui donne 89 minutes qui valent 1 heure et 29 minutes : j'écris 29 minutes et je retiens une heure, que j'ajoute aux unités d'heure.

Soustraction des nombres complexes.

118. Ecrivez les nombres proposés comme dans l'addition, et commencez la soustraction par les unités de l'espèce la plus petite. Si le nombre inférieur peut être retranché du nombre supérieur, écrivez le reste au-dessous ; s'il ne peut être retranché, empruntez sur l'espèce immédiatement supérieure une unité que vous réduirez à l'espèce dont il s'agit et que vous ajouterez au nombre dont vous ne pouvez retrancher. Faites la même chose pour chaque espèce, et lorsque vous aurez été obligé d'emprunter, diminuez d'une unité le nombre sur lequel vous avez fait cet emprunt. Enfin, écrivez chaque reste, à mesure que vous le trouverez, au-dessous du nombre qui l'a donné.

De	143^{jours}	17^{heures}	6^{minutes}
on veut ôter	75	12	9
reste	68^{jours}	4^{heures}	57^{minutes}

Ne pouvant ôter 9 minutes de 6 minutes, j'emprunte 1 heure qui vaut 60 minutes, et 6 font 66, desquels ôtant 9, il reste 57 ; j'ôte ensuite 12, non pas de 17, mais de 16 qui restent après l'emprunt, et il reste 4 ; enfin je retranche 75 heures de 143 heures, et il me reste 68 heures.

Multiplication des nombres complexes.

119. On peut réduire généralement la multiplication des nombres complexes à la multiplication d'une fraction par une fraction, multiplication dont nous avons donné la règle (106).

Par exemple, si l'on demande le produit de 26° 36′ 45′ multiplié par 15^{heures} 40′ 30′, on peut réduire le multiplicande 26° 36′ 45′ en secondes, ce qui donne 95805 secondes; et puisque la seconde est la 3600ᵉ partie du degré, le multiplicande peut être représenté par $\frac{95805}{3600}$ de degré. De même, en réduisant le multiplicateur 15 ʰᵉᵘʳᵉˢ 40′30′ en secondes, on obtient 56790 ou $\frac{56790}{3600}$ d'heure. De sorte que l'opération est ramenée à multiplier $\frac{95805}{3600}$ par $\frac{56790}{3600}$; ce qui (106) donne $\frac{844076590}{12960000}$, qui (112) valent 419° 48′ 43″ 52‴ $\frac{4}{2}$.

Cette méthode s'étend à toute espèce de nombres complexes, mais elle exige plus de calcul que celle que nous allons exposer; c'est pourquoi nous ne nous y arrêterons pas davantage.

120. Un nombre qui est contenu exactement dans un autre est dit partie *aliquote* de cet autre : ainsi 3 est partie aliquote de 12; il en est de même de 2, de 4 et de 6.

Rappelons-nous que multiplier n'étant autre chose que prendre le multiplicande un certain nombre de fois, multiplier par 8 $\frac{3}{4}$, par exemple, c'est prendre le multiplicande 8 fois, et le prendre encore $\frac{3}{4}$ de fois, ou en prendre les $\frac{3}{4}$. Or on peut prendre ces $\frac{3}{4}$, ou en prenant d'abord le quart et l'écrivant 3 fois, ou bien en prenant d'abord la moitié et ensuite la moitié de cette moitié : ainsi, pour multiplier 84 par 8 $\frac{3}{4}$,

j'écrirais   84

8 $\frac{3}{4}$

672

42

21

735 produit.

En multipliant 84 par 8, j'aurais d'abord 672; ensuite, pour prendre les $\frac{3}{4}$ de 84, je prendrais d'abord la moitié, qui est 42; puis, pour le quart restant, je prendrais la moitié de 42, qui est 21, et réunissant ces trois produits particuliers, j'aurais 735 pour le produit total.

Bezout.   4

121. Pour appliquer ceci aux nombres complexes, il faut remarquer que les différentes espèces d'unités au-dessous de l'unité principale sont des fractions les unes à l'égard des autres, et à l'égard de cette unité principale; que par conséquent, pour multiplier facilement par ces sortes de nombres, il faut faire en sorte de les décomposer en parties aliquotes de l'unité principale, de manière que ces parties aliquotes puissent être employées commodément, ou de les décomposer en parties aliquotes les unes des autres; et si cette décomposition ne fournit que des parties aliquotes qui ne soient pas commodes dans le calcul, on y suppléera par de faux produits :

Que l'on ait à multiplier par	72 degrés	
	5 jours 19 heures 30 minutes	
5 jours	360	
12 heures	36	
6 heures	18	
1 heure	3	
30 minutes	1	30
	418 degrés 30 minutes	

On multiplie 72 degrés par 5 jours, ce qui donne 360°. Ensuite, pour multiplier par 19 heures, on les décompose en 12^h, 6^h et 1^h. Si 1 jour donne 72, la moitié d'un jour ou 12 heures donneront la moitié de 72 ou 36. Pour multiplier par 6 heures, on prend la moitié de 36 qu'ont donné 12 heures. Enfin, 1 heure donnera un produit 6 fois plus faible que 6 heures; on prend le sixième de 18. De même 30 minutes étant la moitié d'une heure, il faut prendre la moitié du produit qu'a donné 1 heure, c'est-à-dire la moitié de 3° : on obtient 1° 30'. En réunissant ces produits partiels, on a pour résultat 418 degrés 30 minutes.

4.

122, Si le multiplicande est aussi un nombre complexe, on se conduira de la manière suivante :

	Multiplicande	26°	36'	45'	
	Multiplicateur	15ʰᵉᵘʳᵉˢ	46'	30'	

		130				
		26				
30'		7	30			
5'		1	15			
1'		0	15			
30"		0	7	30		
15"		0	3	45		
30'		13	18	22	30	
15'		6	39	11	15	
1'		0	26	36	45	
30"		0	13	18	22 $\frac{1}{2}$	

produit   419ᵈᵉᵍʳᵉˢ 48'   43"   52''' $\frac{1}{2}$

On multiplie d'abord 26° par 15. Ensuite, pour multiplier 36' par 15, on décompose ces 36' en 30', 5' et 1'. Les 30', étant la moitié d'un degré, doivent, étant multipliées par 15, donner la moitié de 15, qui est 7° 30'. Pour multiplier par 5', qui sont le sixième de 30', il suffit de prendre le sixième de 7° 30'. On multiplie par 1' en prenant le cinquième du produit obtenu par 5', c'est-à-dire de 1° 15', et on aura 0° 15'. Pour multiplier 45" par 15, on décompose 45" en 30" et 15"; 30", étant la moitié d'une minute, donneront la moitié de 0° 15' ou 0° 7' 30". Enfin 15", valant la moitié de 30", donneront la moitié du dernier produit ou 0° 3' 45".

Jusque-là tout le multiplicande est multiplié par 15. Pour multiplier par 46', on prend d'abord pour 30' la moitié de 26° 36' 45'. Pour 15', on prend la moitié du dernier produit, ce qui donne 6° 39' 11" 15'''. Pour 1' on prend le quinzième de 6° 39' 11" 15''', et l'on a 0° 26' 36" 45'''. Enfin, pour 30" on prend la moitié de ce qu'on vient d'obtenir pour 1 minute, ce qui donne 0° 13′ 18″ 22‴ $\frac{1}{2}$. En additionnant tous ces produits partiels, on a pour résultat 419° 48′ 43″ 52‴ $\frac{1}{2}$.

123. Jusqu'ici les parties du multiplicande qu'il a fallu prendre ont été assez faciles à évaluer ; mais dans les cas où ces parties seraient plus composées, on se conduirait de la façon suivante :

Dans l'exemple précédent, s'il y avait au multiplicateur 2 minutes au lieu de 46 minutes, puisque 2 minutes sont le 30e de 60 minutes ou d'une heure, on pourrait prendre le 30e de 26° 36′ 45′ ; mais il est plus facile de chercher un faux produit. On prend, par exemple, pour 10′ le 6e de 26° 36′ 45′ ; ensuite pour 2′, qui sont le 5^e de 10′, on prend le 5e du produit obtenu par les 10′, et on a soin de ne pas tenir compte du produit des 10′ dans l'addition des produits partiels.

Division d'un nombre complexe par un nombre incomplexe.

124. Si le dividende seul est complexe, et si en même temps le dividende et le diviseur ont des unités de différente espèce, on divisera d'abord les unités principales du dividende selon la règle ordinaire ; ce qui restera de cette division, on le réduira (57) en unités de la seconde espèce, qu'on ajoutera avec celles de même espèce qui se trouveront dans le dividende, et on divisera le tout comme à l'ordinaire ; on réduira pareillement le reste de cette division en unités de la troisième espèce, auxquelles on ajoutera celles de la même espèce qui se trouveront dans le dividende, et on divisera le tout comme ci-dessus ; on continuera de réduire les restes en unités de l'espèce suivante, tant qu'il s'en trouvera d'inférieures dans le dividende.

Exemple.

Un astre a parcouru 324° 8' 48' en 42 jours. Combien a-t-il parcouru de degrés par jour?

```
324°  8'  48'  |  42
     30        |  ‾‾‾‾‾‾‾‾‾‾‾
  ‾‾‾‾‾‾‾‾‾        7°  43'  4'
   1808
    128
     02
  ‾‾‾‾‾‾‾
    168
     00
```

Il faut diviser 324° 8' 48' par 42, en commençant par les degrés.

Les 324° divisés par 42 donnent 7° pour quotient et 30° pour reste. Ces 30°, réduits en minutes (57), donnent avec les 8 minutes du dividende 1808 minutes, qui, divisées par 42, donnent 43' au quotient et 2 minutes pour reste. Ces 2 minutes, réduites en secondes, donnent avec les 48' du dividende 168'. En divisant 168 par 42, on a pour quotient 4'.

125. Mais si le dividende et le diviseur ont des unités de même espèce, il faut, avant de faire la division, examiner si le quotient doit être ou ne doit pas être de même espèce qu'eux; ce que l'état de la question décide toujours.

126. Dans les cas où le dividende et le diviseur étant de même espèce, le quotient doit aussi être de même espèce qu'eux, la division se fait précisément comme dans le cas précédent. Par exemple, si l'on proposait cette question : Chaque fois qu'une certaine machine a donné 7454 heures de travail, elle s'est arrêtée 1243 heures. En supposant chaque arrêt d'une heure, et les arrêts régulièrement distribués, après combien d'heures de travail y a-t-il une heure d'arrêt? Il est évident que le quotient doit avoir des unités de même espèce que

le dividende et le diviseur, c'est-à-dire doit être des heures, et qu'on doit diviser 7254 heures par 1243, en réduisant, comme dans l'exemple précédent, le reste de cette division en minutes et le second reste en secondes ; on trouve pour réponse à la question 5 heures. 59 minutes 48 secondes $\frac{516}{1243}$.

127. Mais lorsque le dividende et le diviseur, étant de même espèce, le quotient doit être d'espèce différente, alors il faut commencer par réduire (57) le dividende et le diviseur chacun à la plus petite espèce qui soit dans le dividende ; puis on divise comme dans le cas précédent, et on considère les unités du dividende comme si elles étaient de même espèce que celles que doit avoir le quotient. Par exemple, si l'on proposait cette question : Un astre parcourt 1° en 9 jours ; on demande combien il parcourt de degrés en 248 jours 15 heures 30 minutes. Il est clair, par la nature de la question, que le quotient doit exprimer des degrés. On réduit 248 jours 15 heures 30 minutes en minutes, ce qui donne 358050 minutes ; on réduit aussi 9 jours en minutes, et l'on a 13060. On divise 358050, considéré comme des degrés, par 13060. Le quotient est 27° 24′ 56′ $\frac{1024}{1306}$.

Division d'un nombre complexe par un nombre complexe.

128. Lorsque le diviseur est aussi un nombre complexe, il faut le réduire à sa plus petite espèce (57), multiplier le dividende par le nombre qui exprime combien il faut de parties de la plus petite espèce du diviseur pour composer l'unité principale de ce même diviseur ; alors la division sera réduite au cas précédent, où le diviseur était incomplexe.

EXEMPLE.

Un astre parcourt 342° 45′ 50″ en 28 jours 8 heures 15 minutes : combien parcourt-il de degrés par jour ? Il faut diviser 342° 45′ 50″ par 28 jours 8ʰ 15′. Je réduis les 28 jours 8ʰ 15′ en minutes, ce qui me donne 40815 pour nouveau diviseur ; et comme il faut 1440 minutes pour faire le jour, qui est l'unité principale du diviseur, je multiplie le dividende proposé 342° 45′ 50″ par 1440 (121), ce qui me donne 493580 degrés pour nouveau dividende. De sorte que je divise ainsi :

```
493580 | 40815
 85430 |_____
  3800 | 12° 5′ 35″  6975
       |            ‾‾‾‾‾
                    40815

 228000
  23925
_____

1435500
 211050
   6975
```

Les 493580 degrés divisés par 40815 donnent 12° pour quotient et 3800 pour reste. Ces 3800 degrés réduits en minutes égalent 228000 minutes, qui, divisées par 40815, donnent 5 minutes pour quotient et un reste 23925. Ces 23925 minutes réduites en secondes égalent 1435500 secondes, et celles-ci divisées par 40815 donnent 35 secondes au quotient et un reste 6975. De sorte que le quotient est 12° 5′ 35″ $\frac{6975}{40815}$.

Pour concevoir cette règle, il faut remarquer que les 28 jours 8 heures 15 minutes valent 40815 minutes, et la minute étant la 1440ᵉ partie du jour, le diviseur est $\frac{40815}{1440}$ de jour ; or, pour diviser par une fraction, il faut (109) multiplier le dividende par la fraction diviseur renversée : il faut donc multiplier ici le dividende par $\frac{1440}{40815}$, ce qui revient à multiplier d'abord par 1440 et à diviser ensuite par 40815.

ARITHMÉTIQUE.

Comme la division par un nombre complexe se réduit, ainsi qu'on vient de le voir, à la division par un nombre incomplexe, on doit avoir ici les mêmes attentions à l'égard de la nature des unités que nous avons eues (126) et (127).

De la formation des nombres carrés et de l'extraction de leur racine.

129. On appelle *carré* d'un nombre le produit qui résulte de la multiplication de ce nombre par lui-même : ainsi 25 est le carré de 5, parce que 25 résulte de la multiplication de 5 par 5.

130. La *racine carrée* d'un nombre est le nombre qui, multiplié par lui-même, reproduit le nombre proposé : ainsi 5 est la racine carrée de 25 ; 7 est la racine carrée de 49.

131. Un nombre que l'on porte au carré est donc tout à la fois multiplicande et multiplicateur ; il est donc deux fois facteur (42) du produit : c'est pour cela qu'on appelle aussi ce produit ou carré la *seconde puissance* de ce nombre.

Pour élever un nombre au carré, il suffit simplement de le multiplier par lui-même selon les règles ordinaires de la multiplication ; mais pour extraire la racine carrée d'un nombre, c'est-à-dire pour revenir du carré à la racine, il faut une méthode, du moins lorsque le nombre ou carré proposé a plus de deux chiffres.

Lorsque le nombre proposé n'a qu'un ou deux chiffres, sa racine, en nombre entier, est l'un des nombres :

1, 2, 3, 4, 5, 6, 7, 8, 9,

dont les carrés sont :

1, 4, 9, 16, 25, 36, 49, 64, 81.

Ainsi la racine carrée de 72, par exemple, est 8 en nombre entier, parce que 72 étant entre 64 et 81, sa racine est entre les racines de ceux-ci, c'est-à-dire entre

8 et 9 ; elle est 8 et une fraction, fraction qu'à la vérité on ne peut pas assigner exactement, mais dont on peut approcher continuellement, ainsi que nous le verrons plus loin.

132. La racine carrée d'un nombre qui n'est point un carré parfait s'appelle un nombre *sourd* ou *irrationnel* ou *incommensurable*.

133. Venons aux nombres qui ont plus de deux chiffres.

C'est en remarquant ce qui se passe dans la formation du carré, que nous trouverons la méthode à suivre pour l'extraction de la racine.

Pour élever au carré un nombre tel que 54, par exemple :

$$
\begin{array}{r}
54 \\
54 \\
\hline
216 \\
270 \\
\hline
2916
\end{array}
$$

Après avoir écrit le multiplicande et le multiplicateur, comme on le voit ici, on multiplie comme à l'ordinaire, le 4 supérieur par le 4 inférieur, ce qui fait évidemment le *carré des unités.*

On multiplie ensuite le 5 supérieur par le 4 inférieur, ce qui donne le *produit des dizaines* par les *unités.*

Passant ensuite au second chiffre du multiplicateur, on multiplie le 4 supérieur par le 5 inférieur, ce qui donne le produit des unités par les dizaines, ou (44) *le produit des dizaines par les unités.*

Enfin, en multipliant le 5 supérieur par le 5 inférieur, on a *le carré des dizaines.*

En ajoutant ces produits, on obtient pour carré le nombre 2916, que l'on voit donc être composé *du carré des dizaines, plus deux fois le produit des dizaines par les unités, plus le carré des unités* du nombre 54.

134. Ce que nous venons de remarquer étant une conséquence immédiate des règles de la multiplication, n'appartient pas plus spécialement au nombre 54 qu'à tout autre nombre composé de dizaines et d'unités; de sorte qu'on peut dire généralement que le carré de tout nombre composé de dizaines et d'unités renferme les trois parties que nous venons d'énoncer, savoir : le carré des dizaines de ce nombre, deux fois le produit des dizaines par les unités, et le carré des unités.

135. Cela posé, comme le carré des dizaines représente des centaines (puisque 10 fois 10 font 100), on voit que ce carré des dizaines ne peut faire partie des deux derniers chiffres du carré total.

De même le produit du double des dizaines multipliées par les unités, étant nécessairement des dizaines, ne peut faire partie du dernier chiffre du carré total.

136. Donc pour revenir du carré 2916 à sa racine, on peut raisonner ainsi :

EXEMPLE I.

$$
\begin{array}{r|l}
2916 & 54 \text{ racine.} \\
416 & \\
104 & \\
\hline
100 &
\end{array}
$$

Cherchons d'abord les dizaines de cette racine : la formation du carré nous apprend qu'il y a, dans 2916, le carré de ces dizaines, et que ce carré ne peut faire partie des deux derniers chiffres : il est donc dans 29; et comme la racine carrée de 29 ne peut être plus de 5, nous devons en conclure que le nombre des dizaines de la racine est 5, que nous écrivons à côté de 2916, comme on le voit plus haut.

Élevons 5 au carré, et retranchons le produit 25 de 29; il reste 4, à côté duquel nous abaissons les deux autres chiffres 16 du nombre proposé 2916.

Pour trouver maintenant les unités de la racine, rappelons-nous ce que renferme le reste 416; il ne contient plus que deux parties du carré, savoir : le double des dizaines de la racine, multipliées par les unités, et le carré des unités de cette même racine. De ces deux parties, la première suffit pour nous faire trouver les unités que nous cherchons; car, puisqu'elle est formée du double des dizaines multipliées par les unités, si nous la divisons par le double des dizaines que nous connaissons, elle doit (74) donner pour quotient les unités : il ne s'agit donc plus que de savoir dans quelle partie de 416 est renfermé ce double des dizaines multipliées par les unités; or, nous avons remarqué qu'il ne pouvait faire partie du dernier chiffre : il est donc dans 41. Il faut donc diviser 41 par le double 10 des dizaines trouvées : nous écrivons sous 41 le double 10 des dizaines, et faisant la division, le quotient 4 ainsi obtenu est le nombre des unités, que nous plaçons à la droite des 5 dizaines trouvées; de sorte que la racine cherchée est 54.

Mais bien que le quotient 4 que nous venons de trouver soit en effet celui qui convient, il peut cependant arriver quelquefois que le quotient trouvé de cette manière soit trop grand; parce que 41 (c'est-à-dire la partie qui reste après la séparation du dernier chiffre) renferme non-seulement le double des dizaines multipliées par les unités, mais encore les dizaines données par le carré des unités; c'est pourquoi, pour n'avoir aucun doute sur le chiffre des unités, il faut employer la vérification suivante.

Après avoir trouvé le chiffre 4 des unités, et l'avoir écrit à la racine, nous le portons à côté du double 10 des dizaines, ce qui fait 104, dont nous multiplions successivement tous les chiffres par le même nombre 4, et nous retranchons les produits successifs des parties correspondantes de 416 ; comme il ne reste rien, nous en concluons que la racine est en effet 54.

S'il y avait un reste, la racine n'en serait pas moins bonne en nombres entiers, à moins que ce reste ne fût plus grand que le double de la racine augmenté de l'unité; mais c'est ce qu'on n'a point à craindre quand on prend le quotient toujours au plus fort.

La vérification que nous venons d'enseigner est fondée sur la formation même du carré; en effet, en multipliant 104 par 4 , il est évident qu'on forme le carré des unités et le double des dizaines multipliées par les unités, c'est-à-dire ce qui complète le carré parfait.

137. De ce que nous venons de dire, il faut conclure que pour extraire la racine carrée d'un nombre qui n'a pas plus de quatre chiffres ni moins de trois, il faut, après en avoir séparé deux sur la droite, chercher la racine carrée de la tranche qui reste à gauche ; cette racine est le nombre des dizaines de la racine totale cherchée, et on l'écrit à côté du nombre proposé, en le séparant de ce nombre par un trait.

On soustrait de cette même tranche le carré de la racine qu'on vient de trouver, et après avoir écrit le reste au-dessous de cette tranche, on abaisse à côté de ce reste les deux chiffres qu'on avait séparés.

On sépare par un point le chiffre des unités de la tranche qu'on vient d'abaisser, et on divise ce qui se trouve sur la gauche par le double des dizaines, qu'on écrit au-dessous.

On écrit le quotient à côté du premier chiffre de la racine, et on le porte ensuite à côté du double des dizaines qui a servi de diviseur.

Enfin on multiplie par ce même quotient tous les chiffres qui se trouvent sur cette dernière ligne, et on retranche leurs produits à mesure qu'on trouve des chiffres qui leur correspondent dans la ligne au-dessus.

Achevons d'éclaircir ceci par un exemple.

Exemple II.

On demande la racine carrée de 7569.

```
7 5.6 9 | 87 racine.
1 1 6.9 |
  1 6 7 |
————————
  0 0 0
```

Je sépare les deux chiffres 69 et je cherche la racine carrée de 75; elle est 8 : j'écris 8 à côté, j'élève 8 au carré et je retranche de 75 le carré 64; il me reste 11, que j'écris au-dessous de 75, et j'abaisse à côté de ce même 11 les chiffres 69 que j'avais séparés.

Je sépare, dans 1169, le dernier chiffre 9, pour avoir dans 116 la partie que je dois diviser pour trouver les unités.

Je forme mon diviseur en doublant les 8 dizaines que j'ai trouvées, et j'écris ce diviseur au-dessous de 116; la division me donne pour quotient 7, que j'écris à la racine, à la droite de 8.

Je porte aussi ce quotient à côté du diviseur 16; je multiplie 167, qui forme la dernière ligne, par ce même quotient 7, et je retranche les produits, à mesure que je les trouve, de 1169; il ne reste rien, ce qui prouve que 7569 est un carré parfait et le carré de 87.

138. Il faut bien remarquer qu'on ne doit diviser par le double des dizaines que la seule partie qui reste à gauche après qu'on a séparé le dernier chiffre; de sorte que si elle ne contenait pas le double des dizaines, il ne faudrait pas, pour cela, employer le chiffre séparé : on mettrait 0 à la racine. Si, au contraire, on trouvait que le double des dizaines y est plus de 9 fois, on ne mettrait cependant pas plus de 9; la raison en est la même que pour la division (66).

139. Après avoir bien compris ce que nous venons de

dire sur la racine carrée des nombres qui n'ont pas plus de 4 chiffres, on saisira facilement ce qu'il convient de faire lorsque le nombre des chiffres est plus grand. De quelque nombre de chiffres que la racine doive être composée, on peut toujours la concevoir formée de deux parties, dont l'une soit des dizaines et l'autre des unités : par exemple, 874 peut être considéré comme représentant 87 dizaines et 4 unités.

Cela posé, quand on a trouvé les deux premiers chiffres de la racine par la méthode qu'on vient d'exposer, on peut aussi trouver le troisième par la même méthode, en considérant ces deux premiers chiffres comme ne faisant qu'un seul nombre de dizaines, et leur appliquant, pour trouver le troisième, tout ce qui a été dit du premier pour trouver le second.

De même, quand on aura trouvé les trois premiers chiffres, s'il doit y en avoir un quatrième, on considérera les trois premiers comme ne faisant qu'un seul nombre de dizaines, auquel on appliquera, pour trouver le quatrième, le même raisonnement qu'on appliquait aux deux premiers pour trouver le troisième, et ainsi de suite.

Mais, pour procéder avec ordre, il faut commencer par partager le nombre proposé en tranches de deux chiffres chacune, en allant de droite à gauche ; la dernière pourra n'en contenir qu'un.

La raison de cette préparation est fondée sur ce que, considérant la racine comme composée de dizaines et d'unités, il faut, suivant ce qui a été dit précédemment (135 *et suiv.*), commencer par séparer les deux derniers chiffres sur la droite, pour avoir, dans la partie qui reste à gauche, le carré des dizaines ; mais comme cette partie est elle-même composée de plus de deux chiffres, un raisonnement semblable conduit à en séparer encore deux sur la droite, et ainsi de suite.

Donnons un exemple de cette opération.

EXEMPLE III.

On demande la racine carrée de 76807696.

```
7 6.8 0.7 6.9 6 │ 8764
1 2 8.0
  1 6 7
  ─────────
  1 1 1 7.6
    1 7 4 6
    ─────────
    7 0 0 9.6
      1 7 5 2 4
      ─────────
      0 0 0 0 0
```

Après avoir partagé le nombre proposé en tranches
de deux chiffres chacune, en allant de droite à gauche,
je cherche quelle est la racine carrée de la première
tranche 76 ; je trouve qu'elle est 8, et j'écris 8 à côté
du nombre proposé; j'élève 8 au carré; j'obtiens 64, que
je retranche de 76 : j'ai pour reste 12, que j'écris au-
dessous de 76 ; à côté de ce reste j'abaisse la tranche
80, dont je sépare le dernier chiffre par un point, et
au-dessous de la partie 128 j'écris 16, double de la racine trouvée ; puis je dis : En 128 combien de fois 16 ?
7 fois. J'écris 7 à la suite de la racine 8 et à côté du
double 16 ; je multiplie 167 par ce même nombre
7, et je retranche de 1280 le produit de cette multiplication. Il me reste 111, à côté duquel j'abaisse la tranche
76, ce qui forme 11176 ; je sépare le dernier chiffre 6
de ce nombre, et sous la partie 1117 qui reste à gauche
j'écris 174, double de la racine 87 ; je divise 1117
par 174, et ayant trouvé 6 pour quotient, j'écris 6 à la
racine et à côté du double 174. Je multiplie 1746 par
ce même nombre 6, et je retranche le produit de 11176,
il reste 700 ; à côté de ce reste j'abaisse 96, dont je
sépare le dernier chiffre ; au-dessous de 7009 qui reste
à gauche j'écris 1752, double de la racine trouvée 876,
et divisant 7009 par 1752, je trouve pour quotient 4,

que j'écris à la racine et à côté du double 1752. Je multiplie 17524 par ce même nombre 4, et je retranche de 70096, il ne reste rien : ainsi la racine carrée de 76807696 est exactement 8764.

140. Lorsque le nombre proposé n'est point un carré parfait, il y a un reste à la fin de l'opération, et la racine trouvée est celle du plus grand carré contenu dans le nombre proposé. Alors il n'est pas possible d'extraire la racine carrée exactement ; mais on peut en approcher autant qu'on le juge convenable, c'est-à-dire de manière que l'erreur soit aussi petite qu'on voudra.

Cette approximation se fait facilement par le moyen des décimales. Il faut concevoir à la suite du nombre proposé deux fois autant de zéros qu'on veut avoir de décimales à la racine, faire l'opération comme à l'ordinaire et séparer ensuite par une virgule, sur la droite de la racine, moitié autant de décimales qu'on a mis de zéros à la suite du nombre proposé. En effet (54), le produit de la multiplication devant avoir autant de décimales qu'il y en a dans les deux facteurs ensemble, le carré (dont les deux facteurs sont égaux) doit donc avoir le double de ce qu'a l'un des facteurs, c'est-à-dire le double de ce que doit avoir la racine.

EXEMPLE.

On demande la racine carrée de 87567 à moins d'un millième près.

Pour avoir des millièmes, il faut trois décimales ; il faut donc mettre six zéros au carré 87567 : ainsi il faut extraire la racine carrée de 87567000000.

```
8.7 5.6 7.0 0.0 0.0 0    | 295917
4 7.4                    |
  4 9                    |
  _____
  3 4 6.7
  5 8 5
  _____
  5 4 2 0.0
  5 9 0 9
  _____
  1 0 1 9 0.0
    5 9 1 8 1
  _____
    4 2 7 1 9 0.0
    5 9 1 8 2 7
  _____
    1 2 9 1 1 1
```

En opérant comme dans les exemples précédents, on trouve pour racine carrée, à moins d'une unité près, le nombre 295917; cette racine est celle de 87567000000. Mais comme il s'agit de celle de 87567 ou de 87567,000000, je sépare moitié autant de décimales dans la racine que j'ai mis de zéros au carré, ce qui me donne 295,917 pour la racine carrée de 87567, à moins d'un millième près.

On demande la racine carrée de 2 à moins d'un dix-millième près; on cherche la racine carrée de 200000000 qui est 14142. Séparant les quatre chiffres de la droite par une virgule, on a 1,4142 pour la racine carrée de 2, à moins d'un dix-millième près.

141. On a vu (106) que pour multiplier une fraction par une fraction, il faut multiplier numérateur par numérateur et dénominateur par dénominateur; par conséquent, pour élever une fraction au carré, il faut élever au carré le numérateur et le dénominateur : ainsi le carré de $\frac{2}{3}$ est $\frac{4}{9}$, celui de $\frac{4}{5}$ est $\frac{16}{25}$.

142. Donc réciproquement, pour extraire la racine carrée d'une fraction, il faut extraire la racine du numérateur et celle du dénominateur : ainsi la racine carrée de $\frac{9}{16}$ est $\frac{3}{4}$, parce que celle de 9 est 3, et que celle de 16 est 4.

143. Mais il peut arriver que le numérateur ou le dénominateur ou tous les deux ne soient pas des carrés parfaits. Si le numérateur seul n'est point un carré, on en extrait la racine approchée par la méthode qu'on vient d'exposer; puis on extrait la racine du dénominateur, et on la donne pour dénominateur à la racine du numérateur. Ainsi, soit à chercher la racine de $\frac{2}{9}$: on prend la racine approchée du numérateur 2, qui est 1,4 ou 1,41 ou 1,414 ou 1,4142, etc., selon qu'on veut en approcher plus ou moins, et comme la racine de 9 est 3, on a pour racine approchée de $\frac{2}{9}$ la quantité $\frac{1,4}{3}$ ou $\frac{1,41}{3}$ ou $\frac{1,414}{3}$ ou $\frac{1,4142}{3}$, etc.

Mais si le dénominateur n'est pas un carré, on multiplie les deux termes de la fraction par ce même dénominateur, ce qui ne change rien à la valeur de la fraction et rend ce dénominateur carré; alors on opère comme dans le cas précédent. Par exemple, si l'on demande la racine carrée de $\frac{3}{5}$, on change cette fraction en $\frac{15}{25}$; prenant la racine carrée de 15 jusqu'à 3 décimales, par exemple, on a 3,872; et comme la racine carrée de 25 est 5, la racine carrée de $\frac{15}{25}$ est $\frac{3,872}{5}$.

144. Pour ne pas avoir plusieurs sortes de fractions à la fois, on réduit le résultat $\frac{3,872}{5}$ en décimales, en divisant 3,872 par 5, ce qui donne 0,774 pour la racine de $\frac{3}{5}$ exprimée purement en décimales (99).

145. Enfin, si l'on avait des entiers joints à des fractions, on réduirait ces entiers en fractions (86) et on opérerait comme il vient d'être dit pour une fraction. Ainsi, pour extraire la racine carrée de $8\frac{3}{7}$, on changerait $8\frac{3}{7}$ en $\frac{59}{7}$, et celle-ci (143) en $\frac{413}{49}$, dont la racine approchée est $\frac{20,322}{7}$ ou 2,903.

146. On peut aussi réduire en décimales la fraction qui accompagne l'entier, mais il faut avoir soin de prendre un nombre de décimales pair et double de celui qu'on veut avoir à la racine, parce que, le produit de la multiplication de deux nombres qui ont des décimales devant avoir autant de décimales qu'il y en a dans les deux facteurs (54), le carré d'un nombre qui a des décimales doit en avoir deux fois autant que ce nombre. En appliquant cette méthode à 8 $\frac{3}{7}$, on le transforme en 8,428571 (99), dont la racine est 2,903.

147. Si l'on avait à prendre la racine carrée d'une quantité décimale, il faudrait avoir soin de rendre le nombre des décimales pair, s'il ne l'est pas; ce qui se fait en écrivant à la suite de ces décimales 1 ou 3 ou 5, etc., zéros : cela n'en change pas la valeur (30). Ainsi, pour prendre la racine carrée de 21,935 à moins d'un millième près, je prends la racine carrée de 21,935000, qui est 4,683; c'est aussi celle de 21,935. On trouvera de même que celle de 0,542 est à moins d'un millième près 0,736, et que celle de 0,0054 est à moins d'un millième près 0,073.

148. Quand on a trouvé, par la méthode qui vient d'être exposée, les trois premiers chiffres de la racine, on peut en avoir plusieurs autres avec plus de facilité et de promptitude par la division seule.

Prenons pour exemple 763703556823 : je commence par chercher les trois premiers chiffres de la racine, par la méthode précédente : je trouve 873 pour cette racine, et 1574 pour reste; je mets à côté de ce reste les deux chiffres 55, qui suivent la partie 763703 qui a donné les trois premiers chiffres (je mettrais les trois chiffres suivants si j'avais quatre chiffres de la racine, quatre si j'en avais cinq, et ainsi de suite); je divise 157455, que j'ai alors, par le double 1746 de la racine; je trouve pour quotient 90 : ce sont deux nouveaux chiffres à mettre à la suite de la racine, qui par là devient 87390. J'élève au carré cette racine, et je retranche son carré 7637012100 de la partie 7637035568 dont 87390 est la racine; il me reste 23468.

Si je veux avoir de nouveaux chiffres à la racine, comme j'en ai déjà cinq, je puis, par la seule division, en trouver quatre : je mettrai, pour cet effet, à la suite du reste 23468 les deux chiffres restants 23 du nombre proposé et deux zéros, et divisant 234682300 par le double 174780 de la racine trouvée, j'aurai 1342 pour les quatre nouveaux chiffres que je dois joindre à la racine ; mais en partageant le nombre proposé en tranches, de la manière qui a été dite ci-dessus, on voit que sa racine ne doit avoir que six chiffres pour les nombres entiers : donc cette racine est 873901,342 à moins d'un millième près.

On peut, le plus souvent, pousser chaque division jusqu'à un chiffre de plus, c'est-à-dire jusqu'à autant de chiffres qu'on en a déjà à la racine ; mais il y a quelques cas, rares à la vérité, où l'erreur sur le dernier chiffre pourrait aller jusqu'à cinq unités ; au lieu qu'en se bornant à un chiffre de moins, comme nous venons de le faire, on n'a jamais à craindre même une unité d'erreur sur le dernier chiffre.

Si, après avoir trouvé les premiers chiffres de la racine par la méthode ordinaire, ce qui reste après l'opération faite se trouvait égal au double de ces premiers chiffres, il faudrait, pour éviter tout embarras, en déterminer encore un par la même méthode ordinaire, après quoi on trouverait les autres par la méthode abrégée que nous venons d'exposer, qui, comme on le voit assez, s'applique également aux décimales.

Si la racine devait avoir des zéros parmi ses chiffres intermédiaires, dans les cas où ces zéros seraient du nombre des chiffres qu'on détermine par la division, il peut arriver, s'ils doivent être les premiers chiffres du quotient, qu'on ne s'en aperçoive pas, parce que dans la division on n'écrit pas les zéros qui doivent précéder sur la gauche du quotient ; le moyen de le distinguer est de faire attention qu'on doit avoir toujours autant de chiffres au quotient qu'on en a mis à la suite du reste ; et par conséquent, quand il y en aura moins, il en faudra compléter le nombre par des zéros placés sur la gauche de ce quotient.

Au reste, l'abrégé que nous venons d'exposer est une suite de ce principe général qu'il est facile de déduire de ce qu'on a vu (134), savoir : que le carré d'une quantité quelconque, composé de deux parties, renferme le carré de la première partie, deux fois la première partie multipliée par la seconde et le carré de la seconde.

De la formation des nombres cubes et de l'extraction de leur racine.

149. Pour former ce qu'on appelle *le cube* d'un nombre, il faut d'abord multiplier ce nombre par lui-même et multiplier ensuite par ce même nombre le produit résultant de cette première multiplication.

Ainsi le cube d'un nombre est le produit du carré d'un nombre multiplié par ce même nombre : 27 est le cube de 3, parce qu'il résulte de la multiplication de 9 (carré de 3) par le même nombre 3.

Le nombre que l'on élève au cube est donc trois fois facteur dans ce produit ; c'est pour cette raison que le cube est aussi nommé *troisième puissance* ou *troisième degré* de ce nombre.

150. En général, on dit qu'un nombre est élevé à la seconde, troisième, quatrième, cinquième, etc., puissances, quand on l'a multiplié par lui-même 1, 2, 3, 4, etc., fois consécutives, ou lorsqu'il est 2 fois, 3 fois, 4 fois, 5 fois, etc., facteur dans le produit.

151. La racine cubique d'un cube proposé est le nombre qui, multiplié par son carré, produit ce cube : ainsi 3 est la racine cubique de 27.

152. On n'a donc pas besoin de règles pour former le cube d'un nombre ; mais pour revenir du cube à sa racine, il faut une méthode. Nous déduirons cette méthode de l'examen de ce qui se passe dans la formation du cube.

Remarquons cependant qu'on n'a besoin de méthode pour extraire la racine cubique en nombres entiers que lorsque le nombre proposé a moins de quatre chiffres; car 1000 étant le cube de 10, tout nombre au-dessous de 1000, et par conséquent de moins de quatre chiffres, aura pour racine moins que 10, c'est-à-dire moins de deux chiffres.

Ainsi tout nombre qui tombera entre deux de ceux-ci, 1, 8, 27, 64, 125, 216, 343, 512, 729, aura sa racine cubique, en nombre entier, entre les deux nombres correspondants de cette suite : 1, 2, 3, 4, 5, 6, 7, 8, 9, dont la première contient les cubes.

153. Tout nombre n'a pas de racine cubique; mais on peut approcher continuellement d'un nombre qui, étant élevé au cube, approche aussi de plus en plus de reproduire ce premier nombre : c'est ce que nous verrons après avoir étudié l'extraction de la racine d'un cube parfait.

154. Examinons les parties dont peut être composé le cube d'un nombre qui contient des dizaines et des unités.

Puisque le cube résulte du carré d'un nombre multiplié par ce même nombre, il est essentiel de se rappeler ici (134) que *le carré d'un nombre composé de dizaines et d'unités renferme : 1º le carré des dizaines, 2º deux fois le produit des dizaines par les unités, 3º le carré des unités.*

Pour former le cube, il faut donc multiplier ces trois parties par les dizaines et par les unités du même nombre.

Afin d'apercevoir plus distinctement les produits qui en résulteront, donnons à cette opération simulée la forme suivante :

1º

| Le carré des dizaines, Deux fois le produit des dizaines par les unités, Le carré des unités, | étant multipliés par les dizaines, donneront | le cube des dizaines. deux fois le produit du carré des dizaines multiplié par les unités. le produit des dizaines par le carré des unités. |

2º

| Le carré des dizaines, Deux fois le produit des dizaines par les unités, Le carré des unités, | étant multipliés par les unités, donneront | le produit du carré des dizaines multiplié par les unités. deux fois le produit des dizaines par le carré des unités. le cube des unités. |

Donc, en rassemblant ces six résultats et réunissant ceux qui sont semblables, on voit que le cube d'un nombre composé de dizaines et d'unités contient quatre parties, savoir : *le cube des dizaines, trois fois le carré des dizaines multiplié par les unités, trois fois les dizaines multipliées par le carré des unités, et enfin le cube des unités.*

Formons, d'après cela, le cube d'un nombre composé de dizaines et d'unités, de 43 par exemple :

$$
\begin{array}{r}
64000 \\
14400 \\
1080 \\
27 \\
\hline
79507
\end{array}
$$

Nous prendrons donc le cube de 4, qui est 64 ; mais comme ce 4 exprime des dizaines, son cube représentera des mille, parce que le cube de 10 est 1000 : ainsi le cube des 4 dizaines est 64000.

3 fois 16 ou 3 fois le carré des 4 dizaines, étant multiplié par les 3 unités, donne 144 centaines, parce que le carré de 10 est 100 : ainsi ce produit est 14400.

3 fois 4 ou 3 fois les dizaines, étant multipliées par le

carré des unités, donnent des dizaines, et ce produit est 1080.

Enfin, le cube des unités donne 27 unités.

En réunissant ces quatre parties, on a 79507 pour le cube de 43 : on aurait trouvé plus facilement ce cube en multipliant 43 par 43, et le produit 1849 encore par 43; mais il s'agit ici moins de trouver la valeur du cube que de reconnaître, par l'examen des parties qui le composent, la manière de revenir à sa racine.

155. Cela posé, voici le procédé de l'extraction de la racine cubique.

EXEMPLE.

On demande la racine cubique de 79507.

Cube.	Racine.
7 9.5 0 7	43
1 5 5.0 7	
4 8	

Pour avoir la partie de ce nombre qui renferme le cube des dizaines de la racine, j'en sépare les trois derniers chiffres dans lesquels nous venons de voir que ce cube ne peut être compris, puisqu'il vaut des mille.

Je cherche la racine cubique de 79; elle est 4, que j'écris à droite du cube et dont je le sépare par un trait vertical.

J'élève 4 au cube, et je soustrais le produit 64 de 79; il reste 15, que j'écris au-dessous de 79.

A côté de 15 j'abaisse 507; ce qui me donne 15507, dans lequel il doit y avoir 3 fois le carré des quatre dizaines trouvées, multipliées par les unités que nous cherchons, plus 3 fois ces mêmes dizaines multipliées par le carré des unités, plus enfin le cube des unités.

Je sépare les deux derniers chiffres 07; la partie 155 qui reste à gauche renferme 3 fois le carré des dizaines multiplié par les unités. C'est pourquoi, afin d'avoir les unités (74), je divise cette partie 155 par le triple du carré des 4 dizaines, c'est-à-dire par 48.

Je trouve que 48 est 3 fois dans 155 : j'écris donc 3 à la racine.

Pour éprouver cette racine et connaître le reste, s'il y en a, nous pourrions composer les trois parties du cube qui doivent se trouver dans 15507, et voir si elles forment 15507, ou de combien elles en diffèrent ; mais il est aussi commode de faire cette vérification en élevant de suite 43 au cube, c'est-à-dire en multipliant 43 par 43, ce qui produit 1849, et multipliant ce produit par 43, ce qui donne enfin 79507. Ainsi 43 est exactement la racine cubique.

Si le nombre proposé a plus de six chiffres, on raisonnera comme dans l'exemple suivant :

EXEMPLE.

On demande la racine cubique de 596947688.

```
5 9 6.9 4 7.6 8 8 | 842
 8 4 9.4 7
 1 9 2
5 9 2 7 0 4
    4 2 4 3 6.8 8
    2 1 1 6 8
5 9 6 9 4 7 6 8 8
  0 0 0 0 0 0 0 0
```

On considère sa racine comme composée de dizaines et d'unités, et par cette raison on commence par séparer les trois derniers chiffres.

La partie 596947 qui renferme le cube des dizaines ayant plus de 3 chiffres, sa racine en aura plus d'un, et par conséquent elle aura des dizaines et des unités. Il faut donc, pour trouver le cube de ces premières dizaines, séparer les trois chiffres 947.

Bezout. 5

Cela posé, je cherche la racine cubique de 596 ; elle est 8, j'écris ce 8 à la racine. J'élève 8 au cube, et je retranche le produit 512 de 596 ; il reste 84, que j'écris au-dessous de 596.

A côté de 84, j'abaisse 947, ce qui me donne 84947, dont je sépare les deux derniers chiffres.

Au-dessous de la partie 849, j'écris 192, qui est le triple carré de la racine 8, et je divise 849 par 192 : je trouve pour quotient 4, que j'écris à la racine.

Pour vérifier cette racine et avoir en même temps le reste, j'élève 84 au cube, et je retranche le produit 592704 du nombre 596947 : j'ai pour reste 4243.

A côté de ce reste j'abaisse la tranche 688, et considérant la racine 84 comme un seul nombre exprimant les dizaines de la racine cherchée, je sépare les deux derniers chiffres 88 de la tranche abaissée, et je divise la partie 42436 par le triple carré de 84, c'est-à-dire par par 21168 : je trouve pour quotient 2, que j'écris à la suite de 84.

Pour vérifier la racine 842 et avoir le reste, s'il y en a, je prends le cube de 842, et je retranche le produit 596947688 du nombre proposé 596947688 ; et comme il ne reste rien, j'en conclus que 842 est la racine exacte de 596947688.

Il faut encore remarquer : 1º que, dans le cours de ces opérations, on ne doit jamais mettre plus de 9 à la racine.

2º Si le chiffre qu'on porte à la racine était trop fort, on s'en apercevrait à ce que la soustraction ne pourrait se faire, et alors on diminuerait la racine successivement de, 2, 3, etc., unités jusqu'à ce que la soustraction devînt possible.

Lorsque le nombre proposé n'est pas un cube parfait, la racine qu'on trouve n'est qu'une racine approchée ; il est rare qu'il soit suffisant de l'avoir en nombres entiers. Les décimales sont encore d'un usage très-avantageux

5.

pour pousser cette approximation aussi loin qu'on le désire, sans que cependant on puisse jamais obtenir une
racine exacte.

156. Pour approcher aussi près qu'on le voudra de la
racine cubique d'un cube imparfait, il faut mettre à la
suite de ce nombre trois fois autant de zéros qu'on veut
avoir de décimales à la racine ; faire l'extraction comme
dans les exemples précédents, et après l'opération faite,
séparer par une virgule, sur la droite de la racine, autant de chiffres qu'on voulait avoir de décimales.

EXEMPLE.

On demande la racine cubique de 8755 à moins d'un
centième près. Pour avoir des centièmes à la racine,
c'est-à-dire deux décimales, il faut que le cube ou le
nombre proposé en ait six (54) ; il faut donc mettre six
zéros à la suite de 8755.

Ainsi la question se réduit à prendre la racine cubique
de 8755000000.

```
8.7 5 5.0 0 0.0 0 0 | 2061
0 7.5 5
1 2
8 0 0 0
    7 5 5 0.0 0
    1 2 0 0
8 7 4 1 8 1 6
      1 3 1 8 4 0.0 0
      1 2 7 3 0 8
8 7 5 4 5 5 2 9 8 1
          4 4 7 0 1 9
```

Suivant ce qui a été dit précédemment, je partage ce
nombre en tranches de trois chiffres chacune, en allant
de droite à gauche.

Je prends la racine cubique de la dernière tranche 8 :

elle est 2 , que j'écris à la racine. J'élève 2 au cube et je retranche le produit de 8 ; j'ai pour reste 0 , à côté duquel j'abaisse la tranche 755 , dont je sépare les deux derniers chiffres 55 : au-dessous du reste 7, j'écris 12, triple carré de la racine, et divisant 7 par 12 je trouve pour quotient 0, que j'écris à la racine.

J'élève la racine 20 au cube, ce qui me donne 8000, que je retranche de 8755 ; j'ai pour reste 755, à côté duquel j'abaisse la tranche 000, dont je sépare deux chiffres sur la droite; au-dessous de 7550 j'écris 1200, triple carré de la racine 20, et divisant 7550 par 1200, j'ai pour quotient 6, que j'écris à la racine.

J'élève la racine 206 au cube, et je retranche le produit de 8755000; j'ai pour reste 13184, à côté duquel j'abaisse la dernière tranche 000, dont je sépare les deux derniers chiffres. Au-dessous de 131840 j'écris 127308, triple carré de la racine trouvée 206. Je divise 131840 par 127308 ; je trouve pour quotient 1, que j'écris à la suite de 206. Je prends le cube de 2061 , et je retranche de 8755000000 le produit 8754552981 ; j'ai pour reste 447019.

La racine cubique approchée de 8755000000 est donc 2061 ; donc celle de 8755,000000 est 20,61, puisque le cube a trois fois autant de décimales que sa racine (54).

Si l'on voulait pousser l'approximation plus loin, on mettrait à la suite du reste trois zéros, et on continuerait comme on a fait chaque fois qu'on a abaissé une tranche.

157. Puisque, pour multiplier une fraction par une fraction, il faut multiplier numérateur par numérateur et dénominateur par dénominateur, il faudra donc, pour élever une fraction au cube, prendre le cube de son numérateur et le cube de son dénominateur. Donc, réciproquement, pour extraire la racine cubique d'une fraction, il faudra extraire la racine cubique du numérateur et la racine cubique du dénominateur.

Ainsi la racine cubique de $\frac{27}{64}$ est $\frac{3}{4}$, parce que la racine cubique de 27 est 3 et que celle de 64 est 4.

158. Mais si le dénominateur seul est un cube, on prend la racine approchée du numérateur, et on donne à cette racine pour dénominateur la racine cubique du dénominateur. Par exemple, si l'on demande la racine cubique de $\frac{143}{343}$, comme le numérateur n'est pas un cube, j'en prends la racine approchée, qui est 5,22 à moins d'un centième près; et prenant la racine de 343, qui est 7, j'ai $\frac{5,22}{7}$ pour la racine approchée de $\frac{143}{343}$; ou bien, en réduisant en décimales (99), j'ai 0,74 pour cette racine à moins d'un centième près.

159. Si le dénominateur n'est pas un cube, on multiplie les deux termes de la fraction par le carré de ce dénominateur, et alors le nouveau dénominateur étant un cube, on opère comme il vient d'être dit. Par exemple, si l'on demande la racine cubique de $\frac{3}{7}$, je multiplie le numérateur et le dénominateur par 49, carré du dénominateur 7; j'ai $\frac{147}{343}$, qui (88) égale $\frac{3}{7}$. La racine cubique de $\frac{147}{343}$ est $\frac{5,27}{7}$, ou, en réduisant purement en décimales, 0,75 : la racine cubique de $\frac{3}{7}$ est donc 0,75 à moins d'un centième près.

S'il y avait des entiers joints aux fractions, on convertirait le tout en fraction, et l'opération serait réduite à extraire la racine cubique d'une fraction (157 *et suiv.*).

On pourrait aussi, soit qu'il y ait des entiers, soit qu'il n'y en ait point, réduire la fraction en décimales; mais il faut avoir soin de pousser cette réduction jusqu'à trois fois autant de décimales qu'on veut en avoir à la racine. Ainsi, si l'on demandait la racine cubique de $7\frac{3}{11}$ à moins d'un millième, on changerait la fraction $\frac{3}{11}$ en 0,272727272; de sorte que, pour avoir la racine cubique de $7\frac{3}{11}$, on prendrait celle de 7,272727272 qui est 1,937.

160. Pour chercher la racine cubique d'un nombre

qui a des décimales, il faut le préparer par un nombre suffisant de zéros mis à sa suite, de manière que le nombre de ses décimales soit 3, 6, 9, etc.; alors on en extrait la racine comme s'il n'y avait pas de virgule, et après l'opération faite on sépare sur la droite de la racine, par une virgule, un nombre de chiffres qui soit le tiers du nombre des décimales de la quantité proposée, de sorte que si la racine n'avait pas suffisamment de chiffres pour que cette règle eût son exécution, on y suppléerait par des zéros placés sur la gauche de cette racine. Ainsi, pour trouver la racine cubique de 6,54 à moins d'un millième près, j'écris 7 zéros et je prends la racine cubique de 6540000000, qui est 1870; j'en sépare 3 chiffres, puisqu'il y a 9 décimales au cube, et j'ai 1,870, ou simplement 1,87, pour la racine cubique de 6,54. On trouvera de même que celle de 0,0006, à moins d'un centième près, est 0,08.

161. Quand on a trouvé les quatre premiers chiffres de la racine cubique par la méthode qu'on vient d'expliquer, on peut trouver les autres plus promptement par la division, et cela de la manière suivante : qu'on demande la racine cubique de 5264627832723456; j'en cherche les quatre premiers chiffres par la méthode ordinaire; ils sont 1739, et le reste de l'opération est 5681413 ; à côté de ce reste je mets les deux chiffres 72 qui suivent la partie 5264627832 qui a donné les quatre premiers chiffres (je mettrais les trois chiffres qui suivent cette même partie si la racine trouvée avait cinq chiffres, et les quatre si elle en avait six). Je divise 568141372 par 9072363, triple carré de la racine 1739; j'ai pour quotient 62, et ce sont deux nouveaux chiffres à mettre à la suite de 1739; de sorte que 173962 est, en nombres entiers, la racine cubique du nombre proposé.

Si l'on voulait pousser plus loin, on élèverait au cube cette racine, et ayant retranché le produit du nombre proposé, on mettrait à la suite du reste quatre zéros, et on diviserait le tout par le triple du carré de 173962, ce qui donnerait quatre décimales pour la racine.

On fera ici la même observation qu'on a faite (148) sur le cas où la division ne donne pas autant de chiffres qu'elle doit en donner. Et dans ces divisions on s'aidera de la règle abrégée qui a été donnée (69).

Des raisons, proportions et progressions, et de quelques règles qui en dépendent.

162. Les mots *raison* et *rapport* ont la même signification en mathématiques, et l'un et l'autre expriment le résultat de la comparaison de deux quantités.

163. Si dans la comparaison de deux quantités on a pour but de connaître de combien l'une surpasse l'autre ou en est surpassée, le résultat de cette comparaison, qui est la différence de ces deux quantités, se nomme leur *rapport arithmétique.*

Si je compare 15 avec 8 pour connaître leur différence 7, ce nombre 7, qui est le résultat de la comparaison, est le rapport arithmétique de 15 à 8.

Pour indiquer que l'on compare deux quantités sous ce point de vue, on sépare l'une de l'autre par un point; de sorte que 15.8 représente le rapport arithmétique de 15 à 8.

164. Si dans la comparaison de deux quantités on se propose de connaître combien l'une contient l'autre ou est contenue dans l'autre, le résultat de cette comparaison se nomme leur *rapport géométrique.* Par exemple, si je compare 12 à 3 pour savoir combien de fois 12 contient 3, le quotient 4 est le rapport géométrique de 12 à 3.

Pour indiquer que l'on compare deux quantités sous ce point de vue, on sépare l'une de l'autre par deux points; cette expression $12:3$ représente le rapport géométrique de 12 à 3.

165. Des deux quantités que l'on compare, celle qu'on énonce ou qu'on écrit la première se nomme *antécédent*, et la seconde se nomme *conséquent*. Ainsi, dans le rapport $12:3$, 12 est l'antécédent et 3 est le conséquent; l'un et l'autre s'appellent les *termes* du rapport.

166. Pour avoir le rapport arithmétique de deux quantités, il n'y a donc qu'à retrancher la plus petite de la plus grande.

167. Et pour avoir le rapport géométrique de deux quantités, il faut diviser l'une par l'autre.

168. Nous évaluerons toujours ce rapport en divisant l'antécédent par le conséquent : ainsi le rapport de 12 à 3 est 4, et le rapport de 3 à 12 est $\frac{3}{12}$ ou $\frac{1}{4}$.

169. Un rapport arithmétique ne change point quand on ajoute à chacun de ses deux termes ou qu'on en retranche une même quantité, parce que la différence (qui est le rapport) reste toujours la même.

170. Un rapport géométrique ne change point quand on multiplie ou quand on divise ses deux termes par un même nombre : car le rapport géométrique étant (168) le quotient de la division de l'antécédent par le conséquent, est une quantité fractionnaire qui (88) ne peut changer par la multiplication ou la division de ses deux termes par un même nombre. Ainsi le rapport $3:12$ est le même que celui $6:24$ que l'on a en multipliant les deux termes du premier par 2; il reste le même que celui de $1:4$ que l'on a en divisant les deux termes par 3.

171. Cette propriété sert à simplifier les rapports. Par exemple, si j'avais à examiner le rapport de $6\frac{3}{4}$ à $10\frac{2}{3}$, je dirais, en réduisant tout en fraction, ce rapport est le même que celui de $\frac{27}{4}$ à $\frac{32}{3}$, ou en réduisant au même dénominateur, le même que celui de $\frac{81}{12}$ à $\frac{128}{12}$,

ou enfin en supprimant le dénominateur 12 (ce qui multiplie les deux termes du rapport par 12), est le même que celui de 81 à 128.

172. Lorsque quatre quantités sont telles que le rapport des deux premières est le même que le rapport des deux dernières, on dit que ces quatre quantités forment une *proportion*; et cette proportion est arithmétique ou géométrique, selon que les deux rapports sont arithmétiques ou géométriques.

Les quatre quantités 7, 9, 12, 14, forment une proportion arithmétique; parce que la différence des deux premières est la même que celle des deux dernières. Pour indiquer qu'elles sont en proportion arithmétique, on les écrit ainsi, 7 . 9 : 12 . 14; c'est-à-dire qu'on sépare par un point les deux termes de chaque rapport, et les deux rapports par deux points. Le point qui sépare les deux termes de chaque rapport signifie *est à*, et les deux points qui séparent les deux rapports signifient *comme*; de sorte que pour énoncer la proportion ainsi écrite, on dit 7 *est à* 9 *comme* 12 *est à* 14.

Les quatre quantités 3, 15, 4, 20, forment une proportion géométrique, parce que 3 est contenu dans 15 autant de fois que 4 l'est dans 20. Pour indiquer qu'elles sont en proportion géométrique, on les écrit ainsi, 3 : 15 :: 4 : 20; c'est-à-dire qu'on sépare les deux termes de chaque rapport par deux points et les deux rapports par quatre points. Les deux points signifient *est à*, et les quatre points signifient *comme*; de sorte qu'on dit 3 *est à* 15 *comme* 4 *est à* 20.

Il faut seulement remarquer que, dans la proportion arithmétique, on fait précéder le mot *comme* du mot *arithmétiquement*.

173. Le premier et le dernier terme de la proportion se nomment les *extrêmes*; les deuxième et troisième se nomment les *moyens*.

Comme il y a deux rapports, et par conséquent deux

5.

antécédents et deux conséquents, on dit, pour le premier rapport : *premier antécédent, premier conséquent*; et pour le second : *second antécédent, second conséquent.*

174. Quand les deux termes moyens d'une proportion sont égaux, la proportion se nomme proportion *continue*; 3 . 7 : 7 . 11 forment une proportion arithmétique continue; on l'écrit ainsi, $\div$3 . 7 . 11 .; les deux points et la barre qui précèdent sont pour avertir que, dans l'énoncé, on doit répéter le terme moyen, qui est ici 7.

La proportion 5 : 20 : : 20 : 80 est une proportion géométrique continue, que par abréviation on écrit ainsi, $\vdots$ 5 : 20 : 80; l'usage des quatre points et de la barre est le même que dans la proportion arithmétique continue.

175. Il suit de ce que nous venons de dire sur les proportions arithmétiques et géométriques :

1° Que si dans une proportion arithmétique on ajoute à chacun des antécédents ou l'on retranche de chacun d'eux la différence ou raison qui règne dans cette proportion, selon que l'antécédent sera plus grand ou plus petit que son conséquent, chaque antécédent deviendra égal à son conséquent; car c'est donner au plus petit terme de chaque rapport ce qui lui manque pour égaler son voisin, ou retrancher du plus grand ce dont il surpasse son voisin : ainsi, dans la proportion 3 . 7 : 8 . 12, ajoutez la différence 4 au premier et au troisième terme, vous aurez 7 . 7 : 12 . 12, et il est facile de comprendre que cela est général.

2° Si dans une proportion géométrique vous multipliez chacun des deux conséquents par le rapport, vous les rendrez de même égaux chacun à son antécédent; car multiplier le conséquent par le rapport, c'est le prendre autant de fois qu'il est contenu dans l'antécédent : ainsi dans la proportion 12 : 3 : : 20 : 5, multipliez 3 et 5 chacun par 4, et vous aurez 12 : 12 : : 20 : 20. Ou encore, dans la proportion 15 : 9 : : 45 : 27, multi-

pliez 9 et 27 par $\frac{15}{9}$ ou $\frac{5}{3}$ qui est le rapport, vous aurez
15 : 15 : : 45 : 45.

Propriétés des proportions arithmétiques.

176. La propriété fondamentale des proportions
arithmétiques est que *la somme des extrêmes est égale
à la somme des moyens*; par exemple, dans cette proportion, 3 . 7 : 8 : 12, la somme 3 et 12 des extrêmes
et celle de 7 et 8 des moyens sont également 15.

Voici comment on peut s'assurer que cette propriété
est générale.

Si les deux premiers termes étaient égaux entre eux
et les deux derniers égaux aussi entre eux, comme dans
cette proportion, 7 . 7 : 12 . 12, il est évident que la
somme des extrêmes serait égale à celle des moyens.

Or, toute proportion arithmétique peut être ramenée
à cet état (175) en ajoutant à chaque antécédent ou en
ôtant à chaque antécédent la différence qui règne dans
la proportion. Cette addition, qui augmentera également
la somme des extrêmes et celle des moyens, ne peut
rien changer à l'égalité de ces deux sommes; ainsi, si
elles deviennent égales par cette addition, c'est qu'elles
étaient égales sans cette même addition. Le raisonnement est le même pour le cas de la soustraction.

177. Puisque dans la proportion continue les deux
termes moyens sont égaux, il suit de ce qu'on vient de
démontrer, que dans cette même proportion la somme
des extrêmes est double du terme moyen ou que le
terme moyen est la moitié de la somme des extrêmes :
ainsi, pour avoir un moyen arithmétique entre 7 et 15,
par exemple, j'ajoute 7 à 15, et prenant la moitié de la
somme 22, j'ai 11 pour le terme moyen; de sorte que
$\div$ 7 . 11 . 15.

Propriétés des proportions géométriques.

178. La propriété fondamentale de la proportion géométrique est que *le produit des extrêmes est égal au produit des moyens*; par exemple, dans cette proportion, 3 : 15 :: 7 : 35, le produit de 35 par 3 et celui de 15 par 7 sont également 105.

Voici comment on peut se convaincre que cette propriété a lieu dans toute proportion géométrique.

Si les antécédents étaient égaux à leurs conséquents, comme dans cette proportion, 3 : 3 :: 7 : 7, il est évident que le produit des extrêmes serait égal au produit des moyens.

Mais on peut toujours ramener une proportion à cet état (175) en multipliant les deux conséquents par la raison. Cette multiplication fera, à la vérité, que le produit des extrêmes sera un certain nombre de fois plus grand qu'il n'aurait été, ou sera un certain nombre de fois plus petit, si le rapport est une fraction; mais elle produira le même effet sur celui des moyens : donc, puisqu'après cette multiplication le produit des extrêmes serait égal au produit des moyens, ces deux produits doivent aussi être égaux sans cette même multiplication.

On peut donc prendre le produit des extrêmes pour celui des moyens, et réciproquement.

Donc, *dans la proportion continue, le produit des extrêmes est égal au carré du terme moyen*; car les deux moyens étant égaux, leur produit est le carré de l'un d'eux. Donc, pour avoir un moyen géométrique entre deux nombres proposés, il faut multiplier ces deux nombres l'un par l'autre et extraire la racine carrée de ce produit. Ainsi, pour avoir un moyen géométrique entre 4 et 9, je multiplie 4 par 9, et la racine carrée 6 du produit 36 est le moyen proportionnel cherché.

179. De la propriété fondamentale de la proportion

géométrique, il suit que si, connaissant les trois premiers termes d'une proportion, on voulait déterminer le quatrième, il faudrait *multiplier le second par le troisième et diviser le produit par le premier* : car il est évident (74) qu'on aurait le quatrième terme en divisant le produit des deux extrêmes par le premier terme ; or, ce produit est le même que celui des moyens : donc on aura aussi le quatrième terme en divisant le produit des moyens par le premier terme.

Si l'on demande le quatrième terme d'une proportion dont les trois premiers sont 3 : 8 : : 12, je multiplie 8 par 12, ce qui me donne 96, que je divise par 3 ; le quotient 32 est le quatrième terme demandé, de sorte que 3, 8, 12, 32, forment une proportion. En effet, le premier rapport est $\frac{8}{8}$; et le second est $\frac{12}{32}$ qui (89), en divisant les deux termes par 4, est aussi $\frac{8}{8}$.

Par un semblable raisonnement, on voit qu'on peut trouver tout autre terme de la proportion lorsqu'on en connaît trois. *Si le terme qu'on veut trouver est un des extrêmes, il faudra multiplier les deux moyens et diviser par l'extrême connu ; si, au contraire, on veut trouver un des moyens, il faudra multiplier les deux extrêmes et diviser par le terme moyen connu.*

180. Cette propriété de l'égalité entre le produit des extrêmes et celui des moyens ne peut appartenir qu'à quatre quantités en proportion géométrique. En effet, si l'on avait quatre quantités qui ne fussent point en proportion géométrique, en multipliant les conséquents par le rapport des deux premiers, il n'y aurait que le premier antécédent qui deviendrait égal à son conséquent. Par exemple, si l'on avait 3, 12, 5, 10, en multipliant les conséquents 12 et 10 par la raison $\frac{1}{4}$ des deux premiers termes 3 et 12, on aurait 3, 3, 5, $\frac{10}{4}$, dans lesquels il est évident que le produit des extrêmes ne peut être égal à celui des moyens ; donc ces produits ne pourraient pas être égaux non plus, quand même on n'au-

rait pas multiplié les conséquents par la raison $\frac{1}{4}$: il est visible que ce raisonnement peut s'appliquer à tous les cas.

Donc, *si quatre quantités sont telles que le produit des extrêmes soit égal au produit des moyens, ces quatre quantités sont en proportion.*

De là nous concluons cette seconde propriété des proportions.

181. *Si quatre quantités sont en proportion, elles y seront encore si l'on met les extrêmes à la place des moyens et les moyens à la place des extrêmes.*

182. La même chose aura lieu, c'est-à-dire *que la proportion subsistera si l'on échange les places des extrêmes ou celles des moyens.*

En effet, dans tous ces cas, il est facile de voir que le produit des extrêmes sera toujours égal à celui des moyens.

Ainsi, la proportion 3 : 8 :: 12 : 32 peut fournir toutes les proportions suivantes par la seule permutation de ses termes.

$$3 : 8 :: 12 : 32$$
$$3 : 12 :: 8 : 32$$
$$32 : 12 :: 8 : 3$$
$$32 : 8 :: 12 : 3$$
$$8 : 3 :: 32 : 12$$
$$8 : 32 :: 3 : 12$$
$$12 : 3 :: 32 : 8$$
$$12 : 32 :: 3 : 8$$

Et il en est de même de toute autre proportion.

183. Puisqu'on peut mettre le troisième terme à la place du second, et réciproquement, on doit en conclure *qu'on peut, sans troubler une proportion, multiplier ou diviser les deux antécédents par un même nombre, et qu'il en est de même à l'égard des conséquents;* car, en faisant cette permutation, les deux antécédents de la

proportion donnée formeront le premier rapport, et les deux conséquents, le second. Ainsi multiplier les deux antécédents de la première proportion revient alors à multiplier les deux termes d'un rapport, chacun par un même nombre, ce qui (170) ne change point ce rapport. Par exemple, si j'ai la proportion 3 : 7 :: 12 : 28, je puis, en divisant les deux antécédents par 3, dire 1 : 7 :: 4 : 28, parce que, de la proportion 3 : 7 :: 12 : 28, on peut (182) conclure 3 : 12 :: 7 : 28; et en divisant les deux termes du premier rapport par 3, 1 : 4 :: 7 : 28, qui (182) peut être changée en 1 : 7 :: 4 : 28.

184. *Tout changement fait dans une proportion, de manière que la somme de l'antécédent et du conséquent, ou leur différence, soit comparée à l'antécédent ou au conséquent, de la même manière dans chaque rapport, formera toujours une proportion.*

Par exemple, si l'on a la proportion

$$12 : 3 :: 32 : 8,$$

on en pourra conclure les proportions suivantes :

	12 *plus* 3 : 3 :: 32 *plus* 8 : 8
ou	12 *moins* 3 : 3 :: 32 *moins* 8 : 8
ou	12 *plus* 3 : 12 :: 32 *plus* 8 : 32
ou	12 *moins* 3 : 12 :: 32 *moins* 8 : 32

En effet, si c'est au conséquent que l'on compare, il est facile de voir que l'antécédent, augmenté ou diminué du conséquent, contiendra ce conséquent une fois de plus ou une fois de moins qu'auparavant; et comme cette comparaison se fait de la même manière pour le second rapport, qui, par la nature de la proportion, est égal au premier, il s'ensuit nécessairement que les deux nouveaux rapports seront aussi égaux entre eux.

Si c'est à l'antécédent que l'on compare, le même raisonnement aura encore lieu, en concevant que, dans la proportion sur laquelle on fait ce changement, on ait mis

l'antécédent de chaque rapport à la place de son conséquent et le conséquent à la place de l'antécédent : ce qui
est permis (181).

185. Puisqu'en mettant le troisième terme d'une proportion à la place du second, et réciproquement, il y a
encore proportion (182), on doit conclure que les deux
antécédents se contiennent l'un l'autre autant de fois que
les conséquents se contiennent aussi l'un l'autre.

Donc *la somme des deux antécédents de toute proportion contient la somme des deux conséquents ou est contenue en elle, autant qu'un des antécédents contient son
conséquent ou est contenu en lui.*

Par exemple, dans la proportion ,

$$12 : 3 :: 32 : 8,$$

12 plus 32 : 3 plus 8 :: 32 : 8 ; ce qui est évident.

Mais, pour s'en convaincre généralement, il n'y a qu'à
faire attention que si le premier antécédent contient le
second quatre fois par exemple, la somme des deux antécédents contiendra le second cinq fois ; et par la même
raison, la somme des conséquents contiendra le second
conséquent cinq fois : donc la somme des antécédents
contiendra celle des conséquents, comme le quintuple
d'un des antécédents contient le quintuple de son conséquent, c'est-à-dire (170) comme un des antécédents contient son conséquent.

On prouverait de même que la différence des antécédents est à la différence des conséquents comme un antécédent est à son conséquent.

186. Il est évident que la proposition qu'on vient de
démontrer revient à celle-ci : si on a deux rapports égaux,
par exemple celui de   4 : 12
et celui de   7 : 21
                         _____
                             11 : 33

on aura encore le même rapport, en ajoutant antécédent à antécédent et conséquent à conséquent.

Donc, *si l'on a plusieurs rapports égaux, la somme de tous les antécédents est à la somme de tous les conséquents comme l'un des antécédents est à son conséquent.* Par exemple, si on a les rapports égaux 4 : 12 :: 7 : 21 :: 2 : 6, on peut dire que 4 *plus* 7 *plus* 2 sont à 12 *plus* 21 *plus* 7, comme 4 est à 12 ou comme 7 est à 21, etc.

Car, après avoir ajouté entre eux les antécédents des deux premiers rapports et leurs conséquents aussi entre eux, le nouveau rapport, qui, selon ce qu'on vient de voir, sera le même que chacun des deux premiers, sera aussi le même que le troisième ; par conséquent, on pourra le combiner de même avec celui-ci, et il en résultera encore le même rapport, et ainsi de suite.

187. On appelle *rapport composé*, celui qui résulte de deux ou d'un plus grand nombre de rapports dont on multiplie les antécédents entre eux et les conséquents entre eux. Par exemple, si l'on a les deux rapports 12 : 4 et 25 : 5, le produit des antécédents 12 et 25 sera 300 ; celui des conséquents 4 et 5 sera 20 ; le rapport de 300 à 20 est ce qu'on appelle rapport composé des rapports de 12 à 4 et de 25 à 5.

188. Ce rapport est le même que si l'on avait évalué séparément chacun des rapports composants, et qu'on eût multiplié entre eux les nombres qui expriment ces rapports : en effet, le rapport de 12 à 4 est 3, celui de 25 à 5 est 5 ; or, 3 fois 5 font 15, qui est le rapport de 300 à 20 ; et on peut voir que cela est général, en faisant attention que le rapport est mesuré (168) par une fraction qui a l'antécédent pour numérateur et le conséquent pour dénominateur : ainsi le rapport composé doit être une fraction qui ait pour numérateur le produit des deux antécédents et pour dénominateur le produit des deux conséquents : c'est donc (106) le produit des deux fractions qui expriment les rapports composants.

189. Si les rapports que l'on multiplie sont égaux, le rapport composé est dit *rapport doublé*, si l'on n'a multiplié que deux rapports; *rapport triplé*, si l'on en a multiplié trois ; *quadruplé*, si l'on en a multiplié quatre, et ainsi de suite. Par exemple, si l'on multiplie le rapport de 2 à 3 par celui de 4 à 6, qui lui est égal, on aura le rapport composé 8 : 18, qui sera dit rapport *doublé* du rapport de 2 à 3 ou de 4 à 6.

190. *Si l'on a deux proportions, et qu'on les multiplie par ordre, c'est-à-dire le premier terme de l'une par le premier terme de l'autre, le second par le second, et ainsi de suite, les quatre produits qui en résulteront seront en proportion.*

Car, multiplier ainsi deux proportions, c'est multiplier deux rapports égaux par deux rapports égaux (172) : donc les deux rapports composés qui en résultent doivent être égaux ; donc les quatre produits doivent être en proportion (172).

191. Concluons de là que *les carrés, les cubes, et en général les puissances semblables de quatre quantités en proportion, sont aussi en proportion*; puisque, pour former ces puissances, il ne faut que multiplier la proportion par elle-même plusieurs fois de suite.

192. *Les racines carrées, cubiques, et en général les racines semblables de quatre quantités en proportion, sont aussi en proportion*; car le rapport des racines carrées des deux premiers termes n'est autre chose que la racine carrée du rapport de ces deux termes (142 et 167), et il en est de même du rapport des racines carrées des deux derniers termes : donc, puisque les deux rapports primitifs sont supposés égaux, leurs racines carrées sont égales ; donc le rapport des racines carrées des deux premiers termes sera égal au rapport des racines carrées des deux derniers. On prouvera de même pour les racines cubique, quatrième, etc.

Usages des propositions précédentes.

193. Les propositions que nous venons de démontrer, et qu'on appelle les *règles des proportions*, ont des applications continuelles dans toutes les parties des mathématiques. Nous nous bornerons ici à celles qui appartiennent à l'arithmétique, et nous commencerons par celle qu'on peut faire de ce qui a été établi (179) et qui est la base de presque toutes les autres.

Règle de trois directe et simple.

194. On distingue plusieurs sortes de règles de *trois* : elles ont toutes pour objet de faire connaître un terme d'une proportion dont on en connaît trois.

Celle qu'on appelle *règle de trois directe et simple* est nommée *simple*, parce que l'énoncé des questions auxquelles on l'applique ne renferme jamais plus de quatre quantités, dont trois seront connues et la quatrième est à trouver.

On l'appelle *directe*, parce que des quatre quantités qu'on y considère, il y en a toujours deux qui non-seulement sont relatives aux deux autres, mais qui en dépendent de manière que, de même qu'une des quantités contient l'autre ou est contenue en elle, de même aussi la quantité relative à la première contient la quantité relative à la seconde ou est contenue en elle, c'est-à-dire d'une manière plus abrégée, qu'une quantité et sa relative peuvent toujours être toutes deux ou antécédents ou conséquents dans la proportion : ce qui n'a pas lieu dans la règle de trois inverse, comme nous le verrons plus loin.

La méthode pour trouver le quatrième terme d'une proportion, et par conséquent pour faire la règle de trois directe et simple, est suffisamment exposée (179); mais il est utile de faire connaître, par quelques exemples, l'usage qu'on peut faire de cette règle.

EXEMPLE I.

40 ouvriers ont fait, en un certain temps, 268 mètres d'ouvrage; on demande combien 60 ouvriers pourraient en faire dans le même temps?

Il est clair que le nombre des mètres doit augmenter à proportion du nombre des ouvriers; de sorte que celui-ci devenant double, triple, quadruple, etc., le premier doit devenir aussi double, triple, quadruple, etc. Ainsi l'on voit que le nombre de mètres cherché doit contenir les 268 mètres autant que le nombre 60, relatif au premier, contient le nombre 40 relatif au second : il faut donc chercher le quatrième terme d'une proportion qui commencerait par ces trois-ci :

$$40 \,:\, 60 \,::\, 268^m \,:$$

Ou (en divisant ces deux premiers termes par 20, ce qui est permis (170)), par ces trois autres :

$$2 \,:\, 3 \,::\, 268^m \,:$$

Ainsi, selon ce qui a été dit (179), je multiplie 268^m par 3, et je divise le produit 804 par 2; ce qui donne pour le quotient 402^m, et par conséquent 402^m pour l'ouvrage que feraient les 60 ouvriers.

EXEMPLE II.

Un courrier a parcouru 864 kilomètres en 3 jours; on demande en combien de temps il parcourrait 4032 kilomètres?

Il est évident qu'il faut plus de temps à proportion du nombre de kilomètres, et que, par conséquent, le nombre de jours cherché doit contenir 3 jours autant que 4032 kilomètres contiennent 864 kilomètres : il faut donc chercher le quatrième terme d'une proportion qui commencerait par ces trois-ci :

$$864 : 4032 :: 3 :$$

Multipliant 4032 par 3, et divisant le produit 12096 par 864, on a 14 jours.

EXEMPLE III.

45 mètres d'ouvrage ont été payés 33 francs 75 centimes : combien doit-on payer 57 mètres ?

Le prix de 57 mètres doit contenir le prix 33 francs 75 centimes des 45 mètres autant de fois que 57 mètres contiennent 45 mètres. Il faut donc chercher le quatrième terme d'une proportion commençant par ces trois-ci :

$$45 : 57 :: 33,75 :$$

C'est-à-dire qu'il faut multiplier 33 francs 75 centimes par 57 mètres, et diviser le produit 1923,75 par 45. On obtient au quotient 42,75. Ainsi le prix de 57 mètres est 42 francs 75 centimes.

Règle de trois inverse et simple.

195. La règle de *trois inverse et simple* diffère de la règle de trois directe dont nous venons de parler, en ce que des quatre quantités qui entrent dans l'énoncé de la question pour laquelle on fait cette opération, les deux principales doivent se contenir l'une l'autre dans un ordre tout opposé à celui des deux autres quantités qui leur sont relatives ; de sorte que, lorsque par l'examen de la question on a donné à ces quantités la disposition convenable pour former une proportion, l'une des quantités principales et sa relative forment les extrêmes, et l'autre quantité principale avec sa relative forme les moyens.

Au reste, cela n'introduit aucune différence dans la manière de faire l'opération ; c'est toujours le quatrième terme d'une proportion qu'il s'agit de trouver, ou du moins on peut toujours amener la question à ce point.

Quelques auteurs ont prescrit, pour le cas présent, une règle assujettie à l'énoncé de la question : nous ne suivrons point leur exemple ; c'est la nature de la question, et non pas son énoncé (qui souvent est vicieux), qui doit diriger dans la résolution.

EXEMPLE I.

30 hommes ont fait un certain ouvrage en 25 jours : combien faudrait-il d'hommes pour faire le même ouvrage en 10 jours ?

On voit qu'il faut, dans ce second cas, d'autant plus d'hommes que le nombre de jours est moindre : ainsi, le nombre d'hommes cherché doit contenir le nombre de 30 hommes autant de fois que le nombre 25 de jours, relatif à ceux-ci, contient le nombre 10 de jours, relatif à ceux-là. Il ne s'agit donc que de trouver le quatrième terme d'une proportion qui commencerait par ces trois-ci :

$$10j : 25j : : 30^{hom.} :$$

C'est-à-dire, de multiplier 30 par 25 et de diviser le produit 750 par 10, ce qui donne 75 ou 75 hommes.

EXEMPLE II.

Un équipage n'a plus que pour 15 jours de vivres, mais les circonstances doivent lui faire tenir encore la mer pendant 20 jours, on demande à combien on doit réduire la totalité des rations par jour ?

Représentons par l'unité la totalité des vivres que l'on consomme par jour ; on voit que ce à quoi on doit se restreindre doit être d'autant moindre que cette unité,

que le nombre 20 des jours pendant lesquels cette éco-
nomie doit durer est plus grand que le nombre de 15
jours; que, par conséquent, de même que 20 jours contiennent 15 jours, de même la totalité des vivres que l'on
aurait consommés pendant chacun de ces 15 jours doit
contenir celle des vivres que l'on consommera pendant
chacun des 20 jours : il faut donc chercher le quatrième
terme d'une proportion qui commencerait par les trois
suivants :

$$20^j : 15^j :: 1 :$$

Ce quatrième terme sera $\frac{15}{20}$ ou $\frac{3}{4}$: il faut donc se réduire aux $\frac{3}{4}$ de ce qu'on aurait consommé par jour.

Règle de trois composée.

196. Dans les deux règles de trois que nous venons
d'exposer, la quantité cherchée et la quantité de même
espèce qui entre dans l'énoncé de la question ont entre
elles un rapport simple et déterminé par celui des deux
autres quantités qui entrent également dans l'énoncé de
la question.

Dans la règle de trois composée, le rapport de la
quantité cherchée à la quantité de même espèce qui entre
dans l'énoncé de la question n'est pas donné par le rapport simple de deux autres quantités seulement, mais
par plusieurs rapports simples qu'il s'agit de composer
(187) d'après l'examen de la question.

Quand une fois ces rapports ont été composés, la règle
est réduite à une règle de trois simple : les exemples suivants vont éclaircir ce que nous disons.

EXEMPLE I.

30 hommes ont fait 132 mètres d'ouvrage en 18 jours:
combien 54 hommes en feront-ils en 28 jours?

On voit que l'ouvrage dépend ici non-seulement du

nombre des hommes, mais encore du nombre des jours.

Pour avoir égard à l'un et à l'autre, il faut considérer que 30 hommes travaillant pendant 18 jours font autant que 18 fois 30 hommes ou 540 hommes travaillant pendant un jour.

54 hommes travaillant pendant 28 jours font autant que 28 fois 54 hommes ou 1512 hommes travaillant pendant un jour.

La question est donc changée en celle-ci : 540 hommes ont fait 132 mètres d'ouvrage; combien 1512 hommes en feraient-ils dans le même temps? c'est-à-dire qu'il faut chercher le quatrième terme d'une proportion qui commencerait par ces trois-ci :

$$540^h : 1512^h :: 132^m :$$

Multipliant 1512 par 132, et divisant le produit 19958 par 540, on trouve pour réponse $369^m,6$.

EXEMPLE II.

Un homme marchant 7 heures par jour a mis 30 jours à faire 230 lieues; s'il marchait 10 heures par jour, combien emploierait-il de jours pour faire 600 lieues, allant toujours avec la même vitesse?

S'il marchait pendant le même nombre d'heures par jour dans chaque cas, on voit qu'il emploierait d'autant plus de jours qu'il y a plus de chemin à faire; mais comme il marche pendant un plus grand nombre d'heures chaque jour, dans le second cas il lui faudrait moins de temps par cette raison : ainsi l'opération tient en partie à la règle de trois directe et en partie à la règle de trois inverse.

On la réduira à une règle de trois simple, en considérant que marcher pendant 30 jours en employant 7 heures chaque jour, c'est marcher pendant 30 fois 7 heures ou 210 heures; ainsi on peut changer la question en

cette autre : il a fallu 210 heures pour faire 230 lieues ;
combien en faudra-t-il pour faire 600 lieues ? Quand on
aura trouvé le nombre d'heures qui satisfait à cette question, en le divisant par 10, on aura le nombre de jours
demandé, puisque l'homme dont il s'agit emploie dix
heures par jour.

Ainsi il faut chercher le quatrième terme de la proportion dont les trois premiers sont

$$230^\text{l} : 600^\text{l} : : 210^\text{h} :$$

On trouvera que ce quatrième terme est 547 heures
et $\frac{19}{23}$, lesquelles divisées par 10, nombre des heures
que cet homme emploie chaque jour, donnent 54 jours
et $\frac{180}{230}$ ou $54\frac{18}{23}$.

Règle de société.

197. La règle de société est ainsi nommée parce
qu'elle sert à partager entre plusieurs associés le bénéfice ou la perte résultant de leur société.

Son but est de partager un nombre proposé en parties
qui aient entre elles des rapports donnés.

La règle que l'on donne pour cet effet est fondée sur
ce que nous avons établi (186) : nous allons la déduire
de ce principe dans l'exemple suivant.

EXEMPLE I.

Supposons qu'il s'agisse de partager 120 en trois parties qui aient entre elles les mêmes rapports que les
nombres 4, 3, 2, l'énoncé de la question fournit ces
deux proportions :

4 : 3 : : la première partie est à la seconde ;

4 : 2 : : la première partie est à la troisième ;

ou (182) ces deux autres :

4 est à la première partie : : 3 est à la seconde ;

4 est à la première partie : : 2 est à la troisième.

Bezout. 6

De sorte qu'on a ces trois rapports égaux, 4 est à la première partie : : 3 est à la seconde : : 2 est à la troisième.

Or, on a vu (186) que la somme des antécédents de plusieurs rapports égaux est à la somme des conséquents comme un antécédent est à son conséquent; on peut donc dire ici que la somme 9 des trois parties proportionnelles à celles que l'on cherche est à la somme 120 de celles-ci comme l'une quelconque des trois parties proportionnelles est à la partie de 120 qui lui répond.

La règle se réduit donc : 1º à faire une totalité des parties proportionnelles données; 2º à faire autant de règles de trois qu'il y a de parties à trouver, et dont chacune aura pour premier terme la somme des parties proportionnelles données; pour second terme, le nombre proposé à diviser; et pour troisième terme, l'une des parties proportionnelles données. Ainsi, dans la question que nous avons prise pour exemple, on aurait ces trois règles de trois à faire :

$$9 : 120 :: 4 :$$
$$9 : 120 :: 3 :$$
$$9 : 120 :: 2 :$$

dont on trouvera (179) que les quatrièmes termes sont $53\frac{1}{3}$, 40, $26\frac{2}{3}$, qui ont entre eux les rapports demandés et qui composent, en effet, le nombre 120.

Mais il est facile de remarquer qu'il n'est pas absolument nécessaire de faire autant de règles de trois qu'il y a de parties à trouver : on peut se dispenser de la dernière, en retranchant du nombre proposé la somme des autres parties, quand on les a trouvées.

EXEMPLE II.

Trois personnes ont à partager un bénéfice de 800000 fr. La première a mis dans cette entreprise 20000 fr., la

6.

seconde 60000 fr., la troisième 120000 fr.; on demande
ce qui revient à chacune d'elles?

On voit qu'il s'agit de partager 800000 fr. en parties
qui aient entre elles les mêmes rapports que 20000,
60000, 120000, ou (170) que 2, 6, 12, puisque chacun
doit avoir proportionnellement à sa mise; il faut donc
ajouter les trois parties proportionnelles 2, 6, 12, et faire
les trois proportions suivantes, ou seulement deux :

     20 : 800000 : : 2 fr. : la première partie;
     20 : 800000 : : 6 fr. : la seconde partie;
     20 : 800000 : : 12 fr. : la troisième partie.

Ces trois parties seront 80000 fr., 240000 fr.,
480000 fr.

La question pourrait être plus compliquée, et cependant être ramenée aux mêmes principes, comme dans
l'exemple suivant :

EXEMPLE III.

Trois personnes ont mis en société : la première, 3000f.
pendant six mois; la seconde, 4000 fr. pendant cinq
mois; et la troisième, 8000 fr. pendant neuf mois: quelle
est la part de chaque associé sur un bénéfice de 12050 fr. ?

On réduira toutes les mises à un même temps, de cette
manière :

La mise de 3000 fr. a dû produire, pendant 6 mois,
autant que 6 fois 3000 fr. ou 18000 fr. pendant un
mois ;

La mise de 4000 fr. a dû produire, pendant 5 mois,
autant que 5 fois 4000 fr. ou 20000 fr. pendant un
mois ;

Enfin, la mise de 8000 fr. a dû produire, en 9 mois,
autant que 9 fois 8000 fr. ou 72000 fr. pendant un
mois.

Ainsi, la question est réduite à cette autre : les mises

ARITHMÉTIQUE.

ARITHMÉTIQUE.

des trois associés sont 18000 fr., 20000 fr., 72000 fr.; combien revient-il à chacun sur le gain de 12050 fr.

En procédant comme dans l'exemple précédent, on trouve 1971,81 $\frac{9}{11}$, 2190,90 $\frac{10}{11}$, 7887,27 $\frac{5}{11}$.

Remarque au sujet de la règle précédente.

198. Il n'est pas inutile d'examiner un cas qui peut embarrasser les commençants. Si l'on proposait cette question, partager 650 en trois parties, dont la première soit à la seconde : : 5 : 4, et dont la première soit à la troisième : : 7 : 3.

On ne peut pas appliquer ici la règle précédente, sans une préparation qui consiste à rendre la même, dans chaque rapport donné, la partie proportionnelle de l'une des trois parts cherchées : par exemple, celle de la première ; cela s'exécute facilement, en multipliant les deux termes de chaque rapport par le premier terme de l'autre rapport : ainsi les deux rapports 5 : 4 et 7 : 3 seront ramenés à avoir un même premier terme, en multipliant les deux termes du premier par 7 et les deux termes du second par 5 ; ce qui n'en change pas la valeur (170) et donne les rapports 35 : 28 et 35 : 15, de sorte que la question se réduit à partager 650 en trois parties qui soient entre elles comme les nombres 35, 28 et 15, ce qui se fera facilement par la règle précédente.

Si l'on demandait de partager un nombre en quatre parties, dont la première fût à la seconde : : 5 : 4, la première à la troisième : : 9 : 5, et la première à la quatrième : : 7 ; 3, on réduirait ces rapports à avoir un même premier terme, en multipliant les deux termes de chacun par le produit des premiers termes des deux autres : ainsi, dans cet exemple, on changerait ces trois rapports en ces trois autres, 315 : 252, 315 : 175, 315 : 135 ; de sorte que la question se réduit à partager le nombre proposé en quatre parties qui soient entre elles comme les nombres 315, 252, 175 et 135.

De quelques autres règles qui dépendent des proportions.

199. Les règles suivantes sont d'un usage moins fréquent que les précédentes, cependant elles ne sont pas sans utilité par elles-mêmes ; elles sont, d'ailleurs, propres à faire comprendre les usages des proportions.

Règle d'une fausse position.

200. La première dont nous parlerons est la *règle d'une fausse position*. On l'applique souvent à résoudre des questions qui appartiennent à la *règle de société*, dont elle diffère en ce qu'au lieu de prendre les parties proportionnelles telles qu'elles sont données par l'énoncé de la question, elle en prend une arbitrairement et y subordonne les autres conformément à la question ; ce qui rend le calcul un peu plus facile.

Exemple I.

Partager 640 fr. entre trois personnes, dont la seconde ait le quadruple de la première, et la troisième deux fois et $\frac{1}{3}$ autant que les deux autres ensemble.

Je prends arbitrairement, pour représenter la première partie, le nombre 3, dont je puis prendre facilement le $\frac{1}{3}$.

La première partie étant 3, la seconde sera 12 et la troisième 35.

La question est réduite à partager 640 en trois parties qui soient entre elles comme les trois nombres 3, 12 et 35 ; ce qui se fera comme il a été dit (197).

La règle de fausse position sert aussi à résoudre des questions qui sont, en quelque façon, l'inverse de celles de société, puisqu'il s'agit de revenir de la somme de quelques parties d'un nombre à ce nombre même, comme dans l'exemple suivant :

Exemple II.

On demande de trouver un nombre dont le $\frac{1}{3}$, le $\frac{1}{5}$ et les $\frac{3}{7}$ fassent 808. Je prends un nombre dont je puisse avoir commodément le $\frac{1}{3}$, le $\frac{1}{5}$ et les $\frac{3}{7}$ (ce qui est facile en multipliant les trois dénominateurs). Ce nombre est 105 ; j'en prends le $\frac{1}{3}$ qui est 35, le $\frac{1}{5}$ qui est 21, et les $\frac{3}{7}$ qui sont 45 ; j'ajoute ces trois nombres, et j'ai 101, qui est composé des parties de 105 de la même manière que 808 l'est de celles du nombre en question : donc le nombre en question doit avoir même rapport à 808 que 105 à 101 ; il doit donc être le quatrième terme d'une proportion qui commencerait par ces trois-ci :

$$101 : 105 :: 808 :$$

Ce quatrième terme est 840, dont 808 renferme en effet le $\frac{1}{3}$, le $\frac{1}{5}$ et les $\frac{3}{7}$.

La seconde règle dont nous parlerons est *la règle de deux fausses positions*.

Elle sert dans les questions où il s'agit de partager, non pas le nombre même proposé, mais seulement une partie de ce nombre, en parties proportionnelles à des nombres donnés ; l'exemple suivant fera connaître la règle et son usage :

Exemple III.

Il s'agit de partager 6954 fr. entre trois personnes, de manière que la seconde ait autant que la première et 54 fr. de plus, et que la troisième ait autant que les deux autres ensemble et 78 fr. de plus.

Sans les 54 et 78 fr., il est clair qu'il ne s'agirait que de partager le nombre proposé en parties proportionnelles aux nombres 1, 1 et 2 ; mais puisqu'il faut prélever sur la somme 54 fr. pour la seconde personne et 54 fr.

plus 78 fr. pour la troisième, il est évident qu'il n'y a qu'une partie du nombre proposé qu'on doit partager en parties proportionnelles à 1, 1 et 2. Comme cette partie, qui est facile à trouver dans l'exemple actuel, peut être plus difficile à apercevoir dans d'autres circonstances, on suit la méthode que voici :

Supposons, pour la première part, tel nombre que nous voudrons, par exemple, 1 fr.; la seconde part sera 1 fr. plus 54, c'est-à-dire 55 fr.; et la troisième sera 1 fr. plus 55 fr. plus 78 fr., c'est-à-dire 134 : la totalité de ces parts est 190 fr.

S'il n'eût été question que de partager en parties proportionnelles à 1, 1 et 2, la première part étant toujours supposée 1 fr., la seconde serait 1 fr., la troisième serait 2 fr., et la totalité serait 4 fr., dont la différence avec 190 fr., c'est-à-dire 186 fr., est ce qu'il faut prélever sur la somme proposée 6954 fr., ce qui la réduit à 6768 : il reste donc à partager 6768 fr. en parties proportionnelles à 1, 1 et 2, selon les règles ci-dessus; et ayant trouvé que la première partie est 1692 fr., on en conclura que les deux autres parts demandées sont 1746 fr. et 3516 fr. En effet, la totalité de ces trois parts est 6954 fr.

Règle d'intérêt[1].

201. On appelle *intérêt* d'une somme le bénéfice ou loyer que l'emprunteur paye à celui qui lui a prêté. L'intérêt de 100 fr. pour un an s'appelle *taux* de l'intérêt. Le *capital* est la somme prêtée. L'intérêt est *simple* lorsqu'il ne s'ajoute pas au capital à la fin de chaque année; s'il s'ajoute au capital pour produire l'année suivante intérêt à son tour, il s'appelle *intérêt composé*. Ainsi,

1. On a donné quelques développements aux règles d'intérêt et d'escompte, pour répondre au programme officiel prescrit pour l'enseignement de l'arithmétique dans les classes de quatrième et de troisième.

100 fr. au taux 5 rapportent d'intérêts simples 5 fr. pour la première année, 5 fr. pour la deuxième année, de sorte que 100 fr. ne rapportent que 10 fr. en 2 ans.

A intérêts composés, 100 fr. au bout d'un an rapportent 5 francs, qui, s'ajoutant au capital, donnent 105 fr. A la fin de la deuxième année, on aura 5 francs pour intérêts de 100 fr., plus 0,25 pour les intérêts des intérêts de la première année, c'est-à-dire de 5 francs, de sorte qu'à intérêts composés, 100 fr. rapportent en 2 ans 5 fr. plus 5 fr. plus 0,25, c'est-à-dire 10^f,25.

EXEMPLE I.

On demande les intérêts simples de 4000^f placés pendant 3 ans à 5 0/0 [1].

Puisque 100^f donnent 5^f pour 1 an, ils donneront 3 fois 5^f pour 3 ans. 1^f donnera 100 fois moins, c'est-à-dire $\dfrac{5 \times 3}{100}$ ou 0,15. Les intérêts de 4000^f placés pendant 3 ans à 5. 0/0 seront le quatrième terme d'une proportion dont les trois premiers sont :

$$1 : 0,15 :: 4000 :$$

On voit qu'il suffit de multiplier 4000 par 0,15 ; on obtient 600^f.

EXEMPLE II.

On demande les intérêts simples de 3600^f placés pendant 2 ans 1 mois à 6 0/0.

Puisque 100^f donnent 6^f pour 1 an, ils donneront $\frac{6}{12}$ pour 1 mois, et, par conséquent, 25 fois $\frac{6}{12}$ pour 2 ans 1 mois ou 25 mois. Donc 1^f donnera 100 fois moins, c'est-à-dire $\dfrac{6 \times 25}{12 \times 100}$ ou 0,125. Les intérêts de 3600^f

---

1. Le signe 0/0 signifie *pour* 100 ; le signe $\times$ signifie *multiplié par*.

placés pendant 2 ans 1 mois à 6 0/0 seront le quatrième
terme d'une proportion dont les trois premiers sont :

$$1 : 0,125 :: 3600 :$$

Multipliant 3600 par 0,125, on obtient 450^f.

EXEMPLE III.

On demande les intérêts composés de 4000^f placés
pendant 3 ans à 5 0/0.

Puisque 100^f donnent 5^f d'intérêt par an, 1^f donnera
100 fois moins ou 0,05. Donc, 1^f placé pendant 1 an
devient 1^f,05, capital plus intérêts.

Pour savoir à la fin de la deuxième année ce que valent
1^f,05, capital plus intérêt de la première année, on n'aura
qu'à chercher le quatrième terme de la proportion :

$$1 : 1,05 :: 1,05 :$$

Ce quatrième terme est $1,05 \times 1,05$ ou 1,05 élevé au
carré : ce qui s'écrit ainsi $(1,05)^2$.

De même pour savoir à la fin de la troisième année
ce que valent $(1,05)^2$, capital plus intérêts composés des
deux premières années, on cherchera le quatrième terme
d'une proportion dont les trois premiers sont :

$$1 : 1,05 :: (1,05)^2 :$$

Ce quatrième terme est $(1,05)^2 \times 1,05$ ou 1,05 au
cube : ce qui s'écrit ainsi $(1,05)^3$.

Le capital plus les intérêts composés de 4000^f placés
pendant 3 ans à 5 0/0 seront le quatrième terme d'une
proportion dont voici les trois premiers :

$$1 : (1,05)^3 :: 4000 :$$

Le cube de 1,05 est 1,157625. Multipliant 4000^f par
1,157625, on obtient 4630^f,50 pour le capital augmenté
des intérêts composés. Retranchant le capital premier
4000^f, on a 630^f,50 pour les intérêts composés de 4000^f,
tandis qu'on a vu plus haut que les intérêts simples
n'étaient que 600^f.

6.

Règle d'escompte.

202. On appelle *escompte* la perte que l'on fait en changeant contre espèces un billet qui n'est pas encore à son échéance. Il y a deux sortes d'escomptes : l'escompte en *dehors* et l'escompte en *dedans*.

L'*escompte en dehors* est l'intérêt simple de la somme énoncée dans le billet, pendant le temps qui reste à écouler jusqu'à l'échéance du billet.

EXEMPLE.

On demande combien on prendrait d'escompte 5 0/0 pour un billet de 9000ᶠ payable dans 8 jours.

Il faut chercher l'intérêt simple de 9000ᶠ à 5 0/0 pendant 8 jours.

Puisque l'intérêt de 100ᶠ pour 1 an est 5ᶠ, il sera $\frac{5}{360}$ pour un jour[1] et 8 fois $\frac{5}{360}$ pour 8 jours. En réduisant $\frac{5 \times 8}{360}$, on a $\frac{1}{9}$ pour intérêt de 100ᶠ. En divisant par 100, on a $\frac{1}{900}$ pour l'intérêt de 1ᶠ.

Les intérêts ou l'escompte de 9000ᶠ seront le quatrième terme d'une proportion commençant ainsi :

$$1 : \tfrac{1}{900} : : 9000 :$$

On obtient 10ᶠ, c'est-à-dire que le banquier retiendrait 10ᶠ sur le billet ; il ne donnerait, par conséquent, que 8990ᶠ.

L'*escompte en dedans* est la différence entre l'énoncé du billet et la somme qui, placée pendant le temps qui reste à s'écouler jusqu'à l'échéance du billet vaudrait l'énoncé du billet.

EXEMPLE.

On demande l'escompte en dedans à 8ᶠ,75 d'un billet de 2850,ᶠ45 payable dans 2 ans 8 mois.

---

1. On suppose toujours dans ces règles l'année de 360 jours.

Cet escompte sera la différence entre 2850^f,45 et la somme qui, placée pendant 2 ans 8 mois à 8^f,75 pour 0/0, vaudrait 2850^f,45.

100^f donnent 8^f,75 pour 1 an ou $\dfrac{8,75}{12}$ pour 1 mois,

ou 32 fois $\dfrac{8,75}{12}$ pour 2 ans 8 mois (32 mois). Or, $\dfrac{8,75 \times 32}{12}$

égale 23^f $\frac{1}{3}$. Ainsi, 100^f placés aujourd'hui vaudraient 123 $\frac{1}{3}$ dans 2 ans 8 mois. On aura la somme qui, dans 2 ans 8 mois, vaudrait 2850^f,45 par le quatrième terme d'une proportion commençant ainsi :

$$123\tfrac{1}{3} : 100 :: 2850,45 :$$

Le quatrième terme est 2311^f,18. Ainsi, l'escompte *en dedans* est la différence entre 2850^f,45 et 2311^f,18, c'est-à-dire 539^f,27.

L'escompte *en dehors* donne 665^f,10 : c'est une différence de 125^f,83.

L'escompte en dehors, bien que moins juste que l'escompte en dedans, est le seul employé dans le commerce.

Règle d'alliage.

203. Les questions qui appartiennent à cette règle sont de deux sortes :

Dans l'une, il s'agit de trouver la valeur moyenne de plusieurs sortes de choses dont le nombre et la valeur particulière de chacune sont connus ;

Dans la seconde, il s'agit de connaître les quantités de chaque espèce de choses qui entrent dans un ou plusieurs mélanges, lorsqu'on connaît le prix ou la valeur de chaque espèce et le prix ou la valeur totale de chaque mélange [1].

1. Les questions de la seconde sorte servent d'application dans l'algèbre.

Quant aux questions de la première, voici la règle pour les résoudre.

Multipliez la valeur de chaque espèce de choses par le nombre des choses de cette espèce, ajoutez tous les produits, et divisez la somme par le nombre total des choses de toutes les espèces.

EXEMPLE.

On emploie 200 ouvriers, dont 50 sont payés à raison de 2 francs par jour , 70 à raison de 1 franc 50 centimes , 50 à raison de 1 franc 25 centimes, et 30 à raison de 1 franc ; quelle est la moyenne de la journée d'un ouvrier?

50 ouvriers à 2ᶠ par jour font une dépense de. 100ᶠ

70 à 1ᶠ,50. 105

50 à 1 ,25. . . . . 62ᶠ,50

30 à 1 30
_____
297ᶠ,50

La dépense des 200 ouvriers est donc de 297ᶠ,50 par jour ; et par conséquent (en divisant par 200) chaque ouvrier revient en moyenne à 1ᶠ,4875 ou environ 1ᶠ,49. Les autres questions de cette espèce sont si faciles à résoudre d'après cet exemple, que nous croyons inutile d'insister.

Des progressions arithmétiques.

204. La progression arithmétique est une suite de termes dont chacun surpasse celui qui le précède ou en est surpassé de la même quantité.

Par exemple, cette suite

÷ 1 . 4 . 7 . 10 . 13 . 16 . 19 . 22 . 25, etc.,

est une progression arithmétique, parce que chaque

terme surpasse celui qui le précède d'une même quantité, qui est ici 3.

Les deux points séparés par une barre qu'on voit à la tête de la progression sont destinés à indiquer qu'en énonçant cette progression on doit répéter chaque terme, excepté le premier et le dernier, de cette manière : 1 *est à 4 comme 4 est à 7, comme 7 est à 10, etc.*

La progression est dite *croissante* ou *décroissante*, selon que les termes vont en augmentant ou en diminuant ; mais comme les propriétés de l'une et de l'autre sont les mêmes, en changeant seulement les mots *plus* en *moins*, ou *ajouter* en *soustraire*, nous la considérerons ici uniquement comme croissante.

205. On voit donc, d'après la définition de la progression arithmétique, qu'avec le premier terme et la différence commune, ou la raison de la progression, on peut former tous les autres termes en ajoutant consécutivement cette raison, et que par conséquent :

Le second terme est composé du premier plus la raison ;

Le troisième est composé du second plus la raison, et par conséquent du premier plus deux fois la raison ;

Le quatrième est composé du troisième plus la raison, et par conséquent du premier plus trois fois la raison ; et ainsi de suite.

206. De sorte qu'on peut dire, en général, qu'*un terme quelconque d'une progression arithmétique est composé du premier plus autant de fois la raison qu'il y a de termes avant lui.*

207. Donc si le premier terme était zéro, tout autre terme de la progression serait égal à autant de fois la raison qu'il y aurait de termes avant lui.

208. Ce principe peut avoir les deux applications suivantes :

1° Il sert à trouver un terme quelconque d'une progression sans qu'on soit obligé de calculer ceux qui le

précèdent : qu'on demande, par exemple, le 100ᵉ terme
de cette progression, ÷ 4 . 9 . 14 . 19 . 24 , etc.

Puisque ce terme cherché doit être le centième, il a
donc 99 termes avant lui ; il est donc composé du premier terme 4 et de 99 fois la raison 5 ; il est donc 4 plus
495, c'est-à-dire 499.

209. 2° Ce même principe sert à lier deux nombres
quelconques par une suite de tant d'autres nombres
qu'on voudra, de manière que le tout forme une progression arithmétique : ce qu'on appelle *insérer* entre
deux nombres donnés plusieurs *moyens proportionnels
arithmétiques,* ou simplement plusieurs *moyens arithmétiques.*

Par exemple, on peut lier 1 et 7 par cinq nombres
qui fassent une progression arithmétique avec 1 et 7 :
ces nombres sont 2 , 3, 4, 5, 6 ; mais comme il n'est
pas toujours facile de voir du premier coup d'œil quels
doivent être ces nombres, voici comment on peut les
trouver à l'aide du principe que nous venons de poser.

Il ne s'agit que de trouver la raison de cette progression.

Or, le plus grand des deux nombres proposés, devant
être le dernier terme de la progression, doit être composé du premier, c'est-à-dire du plus petit de ces deux
nombres, plus autant de fois la raison qu'il y a de termes
avant lui : donc si du plus grand de ces deux nombres
on retranche le plus petit, le reste sera composé d'autant
de fois la raison qu'il doit y avoir de termes avant le
plus grand, c'est-à-dire qu'il est le produit de la multiplication de cette raison par le nombre des termes qui
précèdent le plus grand ; donc (74) si l'on divise ce reste
par le nombre des termes qui doivent précéder le plus
grand, on aura cette raison.

Or, le nombre des termes qui doivent précéder le
plus grand est plus grand d'une unité que le nombre des
moyens qu'on veut insérer entre les deux ; donc, *pour
insérer entre deux nombres donnés tant de moyens arith-*

métiques qu'on voudra, il faut retrancher le plus petit de ces deux nombres du plus grand, et diviser le reste par le nombre des moyens augmenté d'une unité. Le quotient sera la différence ou la raison de la progression.

Par exemple, si entre 4 et 11 on demande d'insérer 8 moyens arithmétiques, je retranche 4 de 11; il me reste 7, que je divise par 9, nombre des moyens augmenté de l'unité : le quotient $\frac{7}{9}$ est la raison de la progression, qui sera, par conséquent,

$$\div 4 . 4\frac{7}{9} . 5\frac{5}{9} . 6\frac{3}{9} . 7\frac{1}{9} . 7\frac{8}{9} . 8\frac{6}{9} . 9\frac{4}{9} . 10\frac{2}{9} . 11.$$

De même, si l'on demandait neuf moyens arithmétiques entre 0 et 1, retranchant 0 de 1, il reste 1, qu'il faudrait diviser par 10, nombre des moyens augmenté de l'unité; ce qui donne $\frac{1}{10}$, ou 0,1 pour la raison. Et, par conséquent, la progression sera $\div$ 0 . 0,1 . 0,2 . 0,3 . 0,4 . 0,5 . 0,6 . 0,7 . 0,8 . 0,9 . 1.

210. On voit par là qu'entre deux nombres, si rapprochés qu'ils puissent être l'un de l'autre, on peut toujours insérer tant de moyens arithmétiques qu'on voudra.

Nous n'en dirons pas davantage sur les progressions arithmétiques, que nous ne traitons ici que par rapport aux logarithmes, dont nous parlerons plus loin; nous aurons occasion d'y revenir ailleurs.

Des progressions géométriques.

211. La progression géométrique est une suite de termes dont chacun contient celui qui le précède ou est contenu en lui le même nombre de fois. Par exemple, cette suite $\div\div$ 3 : 6 : 12 : 24 : 48 : 96 : 192 est une progression géométrique, parce que chaque terme contient celui qui le précède le même nombre de fois, qui est ici 2.

Ce nombre de fois est ce qu'on appelle la *raison* de la progression.

Les quatre points qui précèdent la progression ont la même signification que les deux points qui précèdent la progression arithmétique (204) ; mais on en met quatre pour avertir que la progression est géométrique.

La progression est dite *croissante* ou *décroissante,* selon que les termes vont en augmentant ou en diminuant.

Nous considérerons toujours la progression géométrique comme croissante, parce que les propriétés sont les mêmes dans l'une et dans l'autre, en changeant le mot de *multiplier* en celui de *diviser* et celui de *contenir* en celui de *être contenu.*

Puisque le second terme contient le premier autant de fois qu'il y a d'unités dans la raison, il est donc composé du premier multiplié par la raison.

Puisque le troisième terme contient le second autant de fois qu'il y a d'unités dans la raison, il est donc composé du second multiplié par la raison, et par conséquent du premier multiplié par la raison et encore multiplié par la raison, c'est-à-dire du premier multiplié par le carré ou la seconde puissance de la raison.

Puisque le quatrième terme contient le troisième autant de fois qu'il y a d'unités dans la raison, il est donc composé du troisième multiplié par la raison, et par conséquent du premier multiplié par le carré de la raison et encore multiplié par la raison, c'est-à-dire multiplié par le cube ou la troisième puissance de la raison.

Par exemple, dans la *progression ci-dessus,* 6 est composé du premier terme 3 multiplié par la raison 2 ; 12 est composé du premier terme 3 multiplié par le carré 4 de la raison 2 ; 24 est composé du premier terme 3 multiplié par le cube 8 de la raison 2.

212. En continuant le même raisonnement, on voit *qu'un terme quelconque de la progression géométrique est composé du premier multiplié par la raison élevée à une puissance indiquée par le nombre des termes qui précèdent ce terme quelconque.*

Donc si le premier terme de la progression est l'unité, chaque autre terme sera formé de la raison même élevée à une puissance indiquée par le nombre des termes qui le précèdent ; car la multiplication par le premier terme, qui est l'unité, n'augmente point le produit.

Pour élever un nombre à une puissance proposée, à la septième, par exemple, il faut, suivant l'idée que nous avons donnée des puissances, multiplier ce nombre par lui-même six fois consécutives : ainsi, pour élever 2 à la septième puissance, je dirais 2 fois 2 font 4, 2 fois 4 font 8, 2 fois 8 font 16, 2 fois 16 font 32, 2 fois 32 font 64, 2 fois 64 font 128, qui est la septième puissance de 2 ; mais on peut abréger l'opération de diverses manières : par exemple, je puis d'abord élever 2 au carré, ce qui fait 4 ; élever 4 au cube, ce qui donne 64, et le multiplier par 2, ce qui fait 128 ; ou bien je puis élever 2 au cube, ce qui donne 8 ; élever 8 au carré, ce qui donne 64, et multiplier 64 par 2, ce qui donne 128 : en un mot, peu importe de quelle façon on s'y prenne, pourvu que 2 se trouve 7 fois facteur dans le produit.

213. Le principe que nous venons de poser (212) sur la formation d'un terme quelconque de la progression et la remarque que nous venons de faire peuvent servir à calculer tel terme qu'on voudra de la progression, sans être obligé de calculer ceux qui le précèdent. Si l'on demande, par exemple, quel est le douzième terme de la progression

$$\div 3 : 6 : 12 : 24 : \text{ etc.}$$

Comme je sais (212) que ce douzième terme doit être composé du premier multiplié par la raison élevée à une puissance indiquée par le nombre des termes qui précèdent ce douzième, je vois que pour le former il faut multiplier 3 par la onzième puissance de la raison 2 : pour former cette onzième puissance, je prends le cube de 2, ce qui me donne 8, le cube de 8, ce qui me donne 512 pour la neuvième puissance ; et enfin je multiplie 512, neuvième puissance de la raison, par 4, seconde puissance : et j'ai 2048 pour la onzième puissance de 2; je multiplie donc 2048 par 3, et j'ai 6144 pour le douzième terme de la progression.

214. Une autre application qu'on peut faire du même principe, c'est pour trouver tant de moyens proportionnels géométriques qu'on voudra entre deux nombres donnés. Si l'on demandait trois moyens géométriques entre 4 et 64; avec un peu d'attention, on voit que ces trois moyens géométriques sont 8, 16, 32 : en effet, $\div$ 4 : 8 : 16 : 32 : 64 forment une progression géométrique; mais si l'on proposait d'autres nombres que 4 et 64, ou que l'on demandât tout autre nombre de moyens géométriques, on ne les trouverait pas aussi facilement.

Or voici comment on peut les trouver en vertu du principe dont il s'agit.

La question se réduit à trouver la raison de la progression, parce que, quand elle sera trouvée, on formera facilement les termes par des multiplications successives par cette raison.

Qu'il soit question, par exemple, de trouver neuf moyens géométriques entre 2 et 2048.

2048 sera donc le dernier terme d'une progression géométrique qui commence par 2, et qui doit avoir neuf termes entre le premier et le dernier. 2048 est donc composé du premier terme 2 multiplié par la raison élevée à une puissance indiquée par le nombre des termes qui doivent précéder 2048; donc (69), si l'on divise 2048 par le premier terme, le quotient sera la raison élevée à une puissance indiquée par le nombre des termes qui doivent précéder 2048; donc, en cherchant quelle est la racine de cette puissance, on aura la raison : or cette puissance doit être la dixième, puisque s'il doit y avoir neuf termes entre 2 et 2048, il y en a nécessairement dix avant 2048 : donc il faut extraire la racine dixième du quotient qu'aura donné le plus grand nombre 2048 divisé par le plus petit 2.

215. Comme on peut faire le même raisonnement dans tous les cas, concluons donc, en général, que *pour insérer entre deux nombres donnés tant de moyens géométriques qu'on voudra, il faut diviser le plus grand de ces deux nombres par le plus petit, ce qui donnera un quotient; on extraira de ce quotient une racine du degré indiqué par le nombre des moyens augmenté de l'unité.*

Ainsi, pour revenir à notre exemple, je divise 2048 par 2, ce qui me donne 1024, dont je cherche la racine dixième [1]; elle est 2 : donc la raison est 2. Ainsi, pour former les moyens en question, je multiplie le premier terme 2 continuellement par la raison 2, et après avoir formé neuf moyens, je retombe sur 2048, comme on le voit ici :

$$\overset{..}{:} 2 : 4 : 8 : 16 : 32 : 64 : 128 : 256 : 512 : 1024 : 2048.$$

Si l'on demandait de trouver quatre moyens géométriques entre 6 et 48, je diviserais 48 par 6, et du quotient 8 je prendrais la racine cinquième; comme 8 n'a pas de racine cinquième exacte, on ne peut jamais assigner exactement en nombres quatre moyens géométriques entre 6 et 48, mais on peut approcher de cette racine si près qu'on le voudra par une méthode analogue à celle de la racine carrée et de la racine cubique; on étudie cette méthode dans l'algèbre. En attendant, il

---

1. Nous n'avons pas donné de méthode pour extraire la racine dixième d'un nombre; mais il en est de celle-ci comme de la racine carrée et de la racine cubique : la racine carrée ne doit avoir qu'un chiffre, lorsque le nombre proposé n'en a pas plus de deux; la racine cubique ne doit avoir qu'un chiffre, lorsque le nombre proposé n'en a pas plus de trois; de même la racine dixième n'aura jamais qu'un chiffre, tant que le nombre proposé n'en aura pas plus de dix. Il en est de même pour les autres racines : la trentième, par exemple, n'aura qu'un chiffre, si le nombre proposé n'a pas plus de trente chiffres; cela se démontre comme on l'a fait pour la racine carrée et la racine cubique.

suffit de concevoir qu'il est possible de trouver un nombre qui, multiplié quatre fois de suite par lui-même, approche de plus en plus de reproduire 8, et qu'il en est de même pour tout autre nombre et pour toute autre racine; et de là nous conclurons qu'entre deux nombres quelconques on peut toujours trouver tant de moyens géométriques qu'on voudra, soit exactement, soit par une approximation poussée à tel degré qu'on voudra, et c'est tout ce qu'il nous faut pour passer aux logarithmes.

Des logarithmes.

216. Les *logarithmes* sont des nombres en progression arithmétique qui répondent, terme pour terme, à une pareille suite de nombres en progression géométrique. Si l'on a, par exemple, la progression géométrique et la progression arithmétique suivantes :

$$\div 2 : 4 : 8 : 16 : 32 : 64 : 128 : 256, \text{ etc.}$$
$$\div 3 . 5 . 7 . 9 . 11 . 13 . 15 . 17, \text{ etc.}$$

Chaque terme de la suite inférieure est dit le logarithme du terme qui est à la même place dans la suite supérieure.

217. Un même nombre peut donc avoir une infinité de logarithmes différents, puisqu'à la même progression géométrique on peut faire correspondre une infinité de progressions arithmétiques différentes. Comme nous ne considérons ici les logarithmes que par rapport à l'usage qu'on peut en faire dans les calculs numériques, nous ne nous arrêterons pas à considérer les différentes progressions géométriques et arithmétiques qu'on pourrait comparer entre elles; nous passons de suite à celles qu'on a considérées dans la formation des tables de logarithmes.

218. On a choisi pour progression géométrique la progression décuple, et pour progression arithmétique,

la suite naturelle des nombres, c'est-à-dire qu'on a
choisi les deux progressions suivantes :

$$÷ 1 : 10 : 100 : 1000 : 10000 : 100000 : 1000000$$
$$÷ 0 . 1 . 2 . 3 . 4 . 5 . 6.$$

219. Ainsi il sera toujours facile de reconnaître quel
est le logarithme de l'unité suivie de tant de zéros qu'on
voudra ; il a toujours autant d'unités qu'il y a de zéros
à la suite de cette unité.

Nous n'enseignerons pas ici la méthode qu'on a suivie
pour trouver les logarithmes des termes intermédiaires
de la progression décuple : elle dépend de principes que
nous ne pouvons exposer ici ; mais nous allons expliquer
leur formation par une voie qui, à la vérité, ne serait pas
la plus expéditive pour calculer ces logarithmes, mais
qui suffit, tant pour concevoir cette formation que pour
rendre raison des usages auxquels on emploie ces nombres artificiels.

220. D'après la définition que nous avons donnée des
logarithmes, on voit que pour avoir le logarithme d'un
nombre quelconque, de 3, par exemple, il faut que ce
nombre puisse faire partie de la progression géométrique
fondamentale. Or, bien que l'on ne voie pas que 3 puisse
faire partie de la progression géométrique ÷ 1 : 10 :
100, etc., cependant on conçoit que si entre 1 et 10 on
insérait un très-grand nombre de moyens géométriques
(214), comme on monterait alors de 1 à 10 par des degrés
d'autant plus petits que le nombre de ces moyens serait
plus grand, il arriverait de deux choses l'une : ou que
quelqu'un de ces moyens se trouverait être précisément
le nombre 3 ; ou que du moins il s'en trouverait deux
consécutifs entre lesquels le nombre 3 serait compris,
et dont chacun différerait d'autant moins de 3 que le
nombre des moyens insérés serait plus grand.

Cela posé, si l'on insérait de même entre 0 et 1 autant
de moyens arithmétiques qu'on a inséré de moyens géo-

métriques entre 1 et 10, chaque terme de la progression géométrique ayant pour logarithme le terme correspondant de la progression arithmétique, on prendrait
dans celle-ci, pour logarithme de 3, le nombre qui s'y
trouverait à la même place que 3 se trouve dans la progression géométrique; ou si 3 n'était pas exactement
quelqu'un des termes de celle-ci, on prendrait dans la
progression arithmétique le terme qui répondrait à celui
de la progression géométrique qui approche le plus du
nombre 3.

C'est ainsi qu'on pourrait s'y prendre, en effet, si
l'on n'avait pas de moyens plus expéditifs; quoi qu'il en
soit, c'est à cela que revient le calcul des logarithmes.

221. Il faut donc se représenter qu'ayant inséré
10000000 moyens géométriques entre 1 et 10, pareil
nombre entre 10 et 100, pareil nombre entre 100 et
1000, etc., on a inséré aussi pareil nombre de moyens
arithmétiques entre 0 et 1, pareil nombre entre 1 et 2,
pareil nombre entre 2 et 3; qu'ayant rangé tous les premiers sur une même ligne et tous les seconds au-dessous,
on a cherché dans la première le nombre le plus approchant de 2, et on a pris dans la suite inférieure le nombre
correspondant; qu'on a cherché de même dans la première le nombre le plus approchant de 3, et qu'on a
pris dans la suite inférieure le nombre correspondant;
qu'on en a fait de même successivement pour les nombres
4, 5, 6, etc.; qu'enfin ayant transporté dans une même
colonne, comme on le voit dans la table ci-jointe, les
nombres 1, 2, 3, 4, 5, etc., on a écrit dans une colonne à côté les termes de la progression arithmétique,
qu'on a trouvés correspondants à ceux-là ou du moins
à ceux qui en approchaient le plus : alors on aura l'idée
de la formation des logarithmes et de leur disposition
dans les tables ordinaires.

Table des logarithmes des nombres naturels depuis 1 jusqu'à 200.

Nombres.	Logarithmes.	Nombres.	Logarithmes.	Nombres.	Logarithmes.	Nombres.	Logarithmes.
0	Infini nég.	33	1,518514	66	1,819544	99	1,995635
1	0,000000	34	1,531479	67	1,826075	100	2,000000
2	0,301030	35	1,544068	68	1,832509	101	2,004321
3	0,477121	36	1,556303	69	1,838849	102	2,008600
4	0,602060	37	1,568202	70	1,845098	103	2,012837
5	0,698970	38	1,579784	71	1,851258	104	2,017033
6	0,778151	39	1,591065	72	1,857332	105	2,021189
7	0,845098	40	1,602060	73	1,863323	106	2,025306
8	0,903090	41	1,612784	74	1,869232	107	2,029384
9	0,954243	42	1,623249	75	1,875061	108	2,033424
10	1,000000	43	1,633468	76	1,880814	109	2,037426
11	1,041393	44	1,643453	77	1,886491	110	2,041393
12	1,079181	45	1,653213	78	1,892095	111	3,045323
13	1,113943	46	1,662758	79	1,897627	112	2,049218
14	1,146128	47	1,672098	80	1,903090	113	2,053078
15	1,176091	48	1,681241	81	1,908485	114	2,056905
16	1,204120	49	1,690196	82	1,913814	115	2,060698
17	1,230449	50	1,698970	83	1,919078	116	2,064458
18	1,255273	51	1,707570	84	1,924279	117	2,068186
19	1,278754	52	1,716003	85	1,929419	118	2,071882
20	1,301030	53	1,724276	86	1,934498	119	2,075547
21	1,322219	54	1,732394	87	1,939519	120	2,079181
22	1,342423	55	1,740363	88	1,944483	121	2,082785
23	1,361728	56	1,748188	89	1,949390	122	2,086360
24	1,380211	57	1,755875	90	1,954243	123	2,089905
25	1,397940	58	1,763428	91	1,959041	124	2,093422
26	1,414973	59	1,770852	92	1,963788	125	2,096910
27	1,431364	60	1,778151	93	1,968483	126	2,100371
28	1,447158	61	1,785330	94	1,973128	127	2,103804
29	1,462398	62	1,792392	95	1,977724	128	2,107210
30	1,477121	63	1,799341	96	1,982271	129	2,110590
31	1,491362	64	1,806180	97	1,986772	130	2,113943
32	1,505150	65	1,812913	98	1,991226	131	2,117271

Nombres.	Logarithmes.	Nombres.	Logarithmes.	Nombres.	Logarithmes.	Nombres.	Logarithmes.
132	2,120574	150	2,176091	168	2,225309	186	2,269513
133	2,123852	151	2,178977	169	2,227887	187	2,271842
134	2,127105	152	2,181844	170	2,230449	188	2,274158
135	2,130334	153	2,184691	171	2,232996	189	2,276462
136	2,133539	154	2,187521	172	2,235528	190	2,278754
137	2,136721	155	2,190332	173	2,238046	191	2,281033
138	2,139879	156	2,193125	174	2,240549	192	2,283301
139	2,143015	157	2,195900	175	2,243038	193	2,285557
140	2,146128	158	2,198657	176	2,245513	194	2,287802
141	2,149219	159	2,201397	177	2,247973	195	2,290035
142	2,152288	160	2,204120	178	2,250420	196	2,292256
143	2,155336	161	2,206826	179	2,252853	197	2,294466
144	2,158362	162	2,209515	180	2,255273	198	2,296665
145	2,161368	163	2,212188	181	2,257679	199	2,298853
146	2,164353	164	2,214844	182	2,260071	200	2,301039
147	2,167317	165	2,217484	183	2,262451		
148	2,170262	166	2,220108	184	2,264818		
149	2,173186	167	2,222716	185	2,267172		

Les logarithmes renfermés dans cette table n'ont que six chiffres après la virgule : ils en ont sept dans les tables ordinaires ; mais cette différence ne nuit en rien à l'usage que nous en ferons.

222. Remarquons, au sujet de cette table, que le premier chiffre de la gauche de chaque logarithme s'appelle la *caractéristique*, parce que c'est par ce chiffre qu'on peut juger dans quelle décade est compris le nombre auquel appartient ce logarithme ; par exemple, si un nombre a pour caractéristique 3, je sais qu'il appartient à des mille, parce que le logarithme de 1000 est 3, et que celui de 10000 étant 4, tout nombre depuis 1000 jusqu'à 10000 ne peut avoir pour logarithme que 3 et une fraction : il a donc 3 pour caractéristique, et les autres chiffres expriment cette fraction réduite en décimales.

Propriétés des logarithmes.

223. Comme il ne s'agit que des logarithmes tels qu'ils sont dans les tables ordinaires, les propriétés que nous allons exposer ne regardent que les progressions géométriques qui ont l'unité pour premier terme, et les progressions arithmétiques qui ont zéro pour premier terme.

Comparons donc encore, terme à terme, une progression géométrique quelconque, mais dont le premier terme soit l'unité, avec une progression arithmétique aussi quelconque, mais dont le premier terme soit zéro; par exemple, les deux progressions suivantes :

$$\div\ 1 : 3 : 9 : 27 : 81 : 243 : 729 : 2187 : 6561, \text{etc.}$$
$$\div\ 0 \,.\, 4 \,.\, 8 \,.\, 12 \,.\, 16 \,.\, 20 \,.\, 24 \,.\, 28 \,.\, 32, \text{ etc.}$$

Il suit, de la nature et de la correspondance parfaite de ces deux progressions, qu'autant de fois la raison de la première est facteur dans l'un quelconque des termes de cette progression, autant de fois la raison de la seconde est contenue dans le terme correspondant de cette seconde; par exemple, dans le terme 2187, la raison 3 est sept fois facteur, et dans le terme 28 la raison 4 est contenue sept fois.

En effet, selon ce qui a été dit (206 et 212), la raison est facteur dans un terme quelconque de la première, autant de fois qu'il y a de termes avant celui-là; et dans la seconde, un terme quelconque est composé d'autant de fois la raison qu'il y a de termes avant lui. Or, il y a le même nombre de termes de part et d'autre.

Concluons de là qu'un terme quelconque de la progression géométrique aura toujours pour correspondant, dans la progression arithmétique, un terme qui contiendra la raison de celle-ci autant de fois que la raison de la première est facteur dans le terme quelconque dont il s'agit.

224. Donc, *si l'on multiplie l'un par l'autre deux termes de la progression géométrique, et si l'on ajoute* *en même temps les deux termes correspondants de la progression arithmétique, le produit et la somme seront deux termes qui se correspondront dans ces progressions.*

Car il est évident que la raison sera facteur dans le produit autant qu'elle l'est tant dans l'un des termes multipliés que dans l'autre; et que la raison de la progression arithmétique sera contenue dans la somme, autant qu'elle l'est tant dans l'un des termes ajoutés que dans l'autre.

225. Donc on peut, par l'addition seule de deux termes de la progression arithmétique, connaître le produit des deux termes correspondants de la progression géométrique, en supposant ces deux progressions prolongées suffisamment.

Par exemple, en ajoutant les deux termes 8 et 24 qui répondent à 9 et 729, j'ai 32 qui répond à 6561 : d'où je conclus que le produit de 729 par 9 est 6561, ce qui est en effet.

226. Donc, puisque les nombres naturels qui composent la première colonne de la table ci-dessus ont été tirés d'une progression géométrique qui commence par l'unité, et puisque leurs logarithmes sont les termes correspondants d'une progression arithmétique qui commence par zéro, il faut en conclure, qu'en *ajoutant les logarithmes de deux nombres, on a le logarithme de leur produit.*

De là il est facile de conclure les usages suivants.

Usages des logarithmes.

227. *Pour faire une multiplication par logarithmes, il faut ajouter le logarithme du multiplicande au logarithme du multiplicateur; la somme sera le logarithme du produit; c'est pourquoi, cherchant cette somme parmi les logarithmes des tables, on trouvera le produit à côté; par exemple, si l'on propose de multiplier* 14 par 13.

7.

Je trouve dans la petite table ci-dessus que le logarithme de 14 est   1,146128
et que celui de 13 est   1,113943
                           _____
La somme   -   2,260071

répond, dans la même table, au nombre 182 qui est en
effet le produit.

228. Pour élever un nombre au carré, il suffit donc
de doubler son logarithme, puisqu'il faudrait ajouter ce
logarithme à lui-même pour multiplier le nombre par
lui-même.

229. Par une raison semblable, pour élever un nombre
au cube, il faudra tripler son logarithme; et en général,
pour élever un nombre à une puissance quelconque, il
faudra prendre son logarithme autant de fois qu'il y a
d'unités dans le nombre qui indique cette puissance,
c'est-à-dire multiplier son logarithme par le nombre qui
indique cette puissance; par exemple, pour élever un
nombre à la septième puissance, il faudra multiplier par
7 le logarithme de ce nombre.

230. Donc réciproquement, pour extraire la racine
carrée, cubique, quatrième, etc., d'un nombre proposé,
il faudra diviser le logarithme de ce nombre par 2, 3,
4, etc., c'est-à-dire, en général, par le nombre qui indique le degré de la racine qu'on veut extraire.

Par exemple, si l'on demande la racine carrée de 144,
ayant trouvé, dans la table, que le logarithme de ce
nombre est 2,158362, j'en prends la moitié 1,079181;
je cherche parmi les logarithmes à quel endroit se trouve
1,079181 : il répond à 12, qui est, par conséquent, la racine carrée de 144.

Si l'on demande la racine septième de 128, je cherche
dans la table son logarithme que je trouve être 2,107210;
j'en prends le septième, ou je le divise par 7, et je cherche
à quoi répond dans la table le quotient 0,301030 : il répond à 2 qui est en effet la racine septième de 128.

231. *Pour trouver le quotient de la division d'un nombre par un autre, il faut retrancher le logarithme du diviseur du logarithme du dividende, chercher dans la table à quel nombre répond le logarithme restant, ce nombre sera le quotient.*

Par exemple, si l'on veut diviser 187 par 17, je cherche dans la table les logarithmes de ces deux nombres, et je trouve

le logarithme de 187. 2,271842
celui de   17. 1,230449

La différence 1,041393

répond, dans la table, à 11 qui est en effet le quotient.

Si la division ne pouvait pas être faite exactement, le logarithme restant ne se trouverait qu'en partie dans la table ; mais nous verrons plus loin ce qu'il faut faire dans ce cas.

La raison de cette règle est fondée sur ce que le quotient multiplié par le diviseur devant reproduire le dividende (74), le logarithme du quotient, ajouté (227) au logarithme du diviseur, doit donc composer le logarithme du dividende ; et, par conséquent, le logarithme du quotient vaut le logarithme du dividende moins celui du diviseur.

232. D'après ce que nous venons de dire, il est très-facile de voir que, pour faire une règle de trois par logarithmes, il faut ajouter le logarithme du second terme au logarithme du troisième, et de la somme retrancher le logarithme du premier.

233. Remarquons que lorsqu'on cherche dans les tables ordinaires un logarithme résultant de quelques opérations sur d'autres logarithmes, si l'on ne trouve de différence entre le dernier chiffre de ce logarithme et celui de la table que sur le dernier chiffre seulement, on doit regarder cette différence comme nulle ; parce que les logarithmes de tous les nombres intermédiaires à la progression décuple ne sont qu'approchés à environ une demi-unité décimale du septième ordre près.

Des nombres dont les logarithmes ne se trouvent point dans les tables.

234. Les fractions et les nombres entiers joints à des fractions n'ont pas leurs logarithmes dans les tables ; il en est de même des racines carrées, cubiques, etc., des nombres qui ne sont pas des puissances parfaites du degré de ces racines.

Si l'on demande le logarithme d'un nombre entier joint à une fraction, il faut d'abord réduire le tout en fraction (89), et ensuite retrancher le logarithme du dénominateur, du logarithme du nouveau numérateur. Par exemple, pour avoir le logarithme de $8\frac{3}{11}$, je cherche celui de $\frac{91}{11}$, que je trouve en retranchant 1,041393 logarithme de 11, de 1,959041 logarithme de 91; le reste 0,917648 est le logarithme de $8\frac{3}{11}$; puisque $8\frac{3}{11}$ ou $\frac{91}{11}$ n'est autre chose que 91 divisé par 11 (96).

235. La même raison prouve que, pour avoir le logarithme d'une fraction, il faut retrancher pareillement le logarithme du dénominateur, du logarithme du numérateur ; mais comme cette soustraction ne peut se faire, puisque le logarithme du dénominateur sera plus grand que celui du numérateur, on retranchera au contraire le logarithme du numérateur, de celui du dénominateur ; le reste, qui exprimera ce dont il s'en faut que la soustraction n'ait pu se faire, sera le logarithme de la fraction, en appliquant à ce reste un signe qui indique que la soustraction n'a pas été entièrement faite. Ce signe est celui-ci —, qu'on énonce *moins*. Ainsi le logarithme de la fraction $\frac{11}{91}$ serait —0,917648 [1].

---

1. Les nombres précédés du signe — se nomment nombres *négatifs*. On les connaîtra plus particulièrement dans l'algèbre ; en attendant, nous prévenons que c'est en prendre une idée fausse que de les regarder comme des nombres au-dessous de zéro. Il n'y a rien au-dessous de zéro.

236. Ce signe est destiné à rappeler dans le calcul, que les logarithmes des fractions doivent être employés selon une règle tout opposée à celle que nous avons prescrite pour les logarithmes des nombres entiers ou des nombres entiers joints à des fractions; c'est-à-dire que si l'on a à multiplier par une fraction, il faut retrancher le logarithme de cette fraction; si au contraire on a à diviser par une fraction, il faut ajouter son logarithme.

La raison en est, pour la multiplication, que multiplier par une fraction revient à multiplier par le numérateur et à diviser ensuite par le dénominateur; donc, lorsqu'on opère par logarithmes, on doit ajouter le logarithme du numérateur et retrancher ensuite celui du dénominateur; ou, ce qui revient au même, on doit seulement retrancher l'excès du logarithme du dénominateur sur le logarithme du numérateur : or, cet excès est précisément le logarithme de la fraction. A l'égard de la division, la raison en est aussi facile à saisir : en effet, diviser par $\frac{3}{4}$, par exemple, revient (109) à multiplier par $\frac{4}{3}$; donc, en opérant par logarithmes, il faut ajouter le logarithme de $\frac{4}{3}$, c'est-à-dire (234) la différence du logarithme de 4 au logarithme de 3, ou du logarithme du dénominateur de la fraction proposée au logarithme de son numérateur.

237. Il arrive assez souvent qu'en convertissant en une seule fraction l'entier et la fraction dont on cherche le logarithme, le numérateur soit un nombre qui passe les limites des tables; par exemple, si l'on demande le logarithme de $53\frac{821}{5704}$, ce nombre réduit en fraction revient à $\frac{303133}{5704}$, dont le numérateur passe les limites des tables les plus étendues.

Il est donc à propos de savoir comment on peut trouver le logarithme d'un nombre qui passe ces limites.

La méthode que nous allons donner n'est pas rigoureuse; mais elle est plus que suffisante pour les usages ordinaires. Avant que de l'exposer, remarquons :

238. 1° Qu'en ajoutant 1, 2, 3, etc., unités à la caractéristique du logarithme d'un nombre, on multiplie ce nombre par 10, 100, 1000, etc., puisque c'est ajouter le logarithme de 10, ou de 100, ou de 1000, etc. (219 et 227).

2° Au contraire, si l'on retranche 1, 2, 3, etc., unités de la caractéristique d'un logarithme, c'est diviser le nombre correspondant par 10, 100, 1000, etc.

239. Cela posé, qu'il soit question de trouver le logarithme de 357859, par exemple.

Je sépare par une virgule, sur la droite de ce nombre, autant de chiffres qu'il est nécessaire pour que le reste puisse se trouver dans les tables[1]. Ici, par exemple, j'en sépare deux, ce qui me donne 3578,59, qui (28) est 100 fois plus petit que le nombre proposé 357859.

Je cherche dans les tables le logarithme de 3578, que je trouve être 3,5536403; je prends en même temps à côté de ce logarithme[2] la différence 1214 entre ce même logarithme et celui de 3579, après quoi je fais cette règle de trois : si pour une unité de différence entre les deux nombres 3579 et 3578, on a 1214 de différence entre leurs logarithmes; combien pour 0,59, différence entre les deux nombres 3578,59 et 3578, aura-t-on de différence entre leurs logarithmes? C'est-à-dire que je cherche le quatrième terme d'une proportion dont les trois premiers sont 1 : 1214 : : 0,59 :

Ce quatrième terme est 716,26, ou simplement 716 en négligeant les décimales; j'ajoute donc 716 au logarithme 8,553643 de 3578, et j'ai 2,5537119 pour logarithme de 3578,59; il ne s'agit plus, pour avoir celui de

---

1. Nous supposons ici que l'on ait entre les mains des tables ordinaires des logarithmes.

2. Ces différences se trouvent dans les tables à côté des logarithmes mêmes.

357859, que d'ajouter deux unités à la caractéristique du logarithme qu'on vient de trouver, et on aura 5,5537119 pour le logarithme cherché, puisque 357859 est 100 fois plus grand que 3578,59.

Si les chiffres qu'on doit séparer sur la droite étaient tous des zéros; après avoir trouvé dans les tables le logarithme de la partie qui reste à gauche, il n'y aurait qu'à ajouter autant d'unités à la caractéristique qu'on aurait séparé de zéros.

240. S'il s'agit du logarithme d'un nombre accompagné de décimales, on cherche ce logarithme comme si le nombre proposé n'avait point de virgule; et après l'avoir trouvé, soit immédiatement dans les tables, soit par la méthode qu'on vient de donner (239), on ôtera autant d'unités à la caractéristique qu'il y a de décimales dans le nombre proposé, parce qu'ayant considéré le nombre comme s'il n'avait point de virgule, c'est-à-dire comme 10, ou 100, ou 1000, etc., fois plus grand qu'il n'est, on doit le rappeler à sa valeur par une diminution convenable sur la caractéristique de son logarithme (238).

241. Enfin, s'il n'y a que des décimales dans le nombre proposé, on cherche encore ce nombre dans les tables comme s'il n'avait pas de virgule; et ayant pris le logarithme correspondant, on le retranche d'autant d'unités qu'il y a de décimales dans ce même nombre, et on fait précéder le reste du signe —; par exemple, pour avoir le logarithme de 0,03, je cherche celui de 3, qui est 0,477121; je le retranche de deux unités, et appliquant au reste le signe —, j'ai —1,522879 pour logarithme de 0,03. En effet, 0,03 n'est autre chose que $\frac{3}{100}$, or, pour avoir le logarithme de $\frac{3}{100}$, il faut (235) retrancher le logarithme de 3 de celui de 100, et appliquer au reste le signe —.

Des logarithmes dont les nombres ne se trouvent point dans les tables.

242. Cette recherche n'est pas moins nécessaire que la précédente. Par exemple, pour la division, il arrive rarement que le quotient soit un nombre entier; or, si l'on fait l'opération par logarithmes, on ne trouve dans les tables le logarithme restant que quand le quotient est un nombre entier : il y a une infinité d'autres cas de la même espèce.

243. Proposons-nous d'abord de trouver à quel nombre répond un logarithme proposé, soit qu'il excède les limites des tables, soit qu'il tombe entre les logarithmes des tables.

On retranche de la caractéristique autant d'unités qu'il est nécessaire pour qu'on puisse trouver, dans les tables, les premiers chiffres du logarithme proposé, ainsi préparé. Si tous les chiffres se trouvent alors dans les tables, le nombre cherché est le nombre même qu'on trouve à côté dans les tables, mais en mettant à sa suite autant de zéros qu'on a ôté d'unités à la caractéristique (238).

Par exemple, le logarithme 7,2273467 se trouve (après avoir ôté trois unités à la caractéristique) répondre au nombre 16879; j'en conclus que le logarithme proposé 7,2273467 répond à 16879000.

Si l'on ne trouve dans les tables que les premiers chiffres du logarithme, on se conduit comme dans l'exemple suivant.

Pour trouver à quel nombre appartient le logarithme 5,2432768, j'ôte deux unités à sa caractéristique; le logarithme 3,2432768 que j'ai alors tombe entre les logarithmes 1750 et 1751; le nombre auquel il répond est donc 1750 et une fraction.

Afin d'avoir cette fraction, je retranche de mon logarithme 3,2432768 le logarithme de 1750, et j'ai pour différence 2288.

Je prends aussi dans les tables la différence 2481 entre les logarithmes de 1751 et 1750, puis je fais cette règle de trois.

Si 2481 de différence entre les logarithmes de 1751 et 1750 répondent à une unité de différence entre ces nombres, à quelle différence de nombres doit répondre la différence 2288 entre mon logarithme et celui de 1750 ?

Je trouve pour quatrième terme $\frac{2288}{2481}$; ainsi le logarithme 3,2432768 appartient au nombre 1750 $\frac{2288}{2481}$ à très-peu de chose près; par conséquent le logarithme proposé qui appartient à un nombre 100 fois plus grand (238), a pour nombre correspondant 175000 $\frac{228800}{2481}$, c'est-à-dire 175092 $\frac{48}{2481}$, ou en réduisant en décimales, il a pour nombre correspondant 175092,22.

244. Si le logarithme proposé tombait entre ceux des tables, il n'y aurait aucune unité à retrancher à la caractéristique, et par conséquent point de zéros à ajouter à la fin de l'opération, qu'on ferait d'ailleurs de la même manière.

245. Mais comme la proportion que nous employons dans cette méthode n'est pas rigoureusement exacte[1], et qu'elle n'approche de la vérité qu'autant que les nombres cherchés sont grands, si le logarithme proposé tombait au-dessous de celui de 1500, il faudrait, pour plus d'exactitude, ajouter à sa caractéristique autant d'unités qu'on pourrait le faire sans passer les bornes des tables; et ayant trouvé le nombre qui approche le plus d'y répondre dans les tables, on en séparerait sur la droite autant de chiffres par une virgule qu'on aurait ajouté d'unités

1. Cette proportion suppose que les différences des logarithmes sont proportionnelles aux différences des nombres, ce qui n'est jamais rigoureusement exact, mais approche assez, quand les nombres sont un peu grands, et cela suffit pour les usages ordinaires.

à la caractéristique, ce qui suffit le plus souvent ; mais si l'on veut avoir plus de décimales, on fait la proportion comme ci-dessus (243), et réduisant le quatrième terme en décimales, on met celles-ci à la suite de celles qu'on a déjà trouvées.

Par exemple, si l'on demande à quel nombre appartient le logarithme 0,5432725, comme ce logarithme tombe entre ceux de 3 et de 4, et que le nombre auquel il appartient est par conséquent beaucoup au-dessous de 1500, je cherche ce logarithme avec trois unités de plus à sa caractéristique, c'est-à-dire que je cherche 3,5432725 : je trouve qu'il tombe entre les logarithmes de 3493 et 3494, d'où je conclus que le nombre cherché est 3,493, à moins d'un millième près. Mais si cette approximation ne suffit pas, je prends la différence entre mon logarithme et celui de 3493, c'est-à-dire 739 ; je prends pareillement la différence 1243 entre les logarithmes de 3494 et 3493, et je cherche, en raisonnant comme ci-dessus (243), le quatrième terme d'une proportion commençant ainsi :

$$1243 : 1 : : 739 :$$

Ce quatrième terme, évalué en décimales, est 0,594 ; donc le nombre cherché est 3,493594.

Au reste, cette seconde approximation est bornée, parce que les logarithmes des tables n'étant exacts qu'à environ une demi-unité décimale du septième ordre près, les différences sont affectées de ce léger défaut ; mais on peut toujours pousser l'approximation avec confiance jusqu'à trois décimales : au surplus, il est rare qu'on ait besoin d'aller jusque-là. La remarque que nous faisons doit diriger aussi dans l'usage que nous avons fait ci-dessus (239 et 243) de la même proportion.

246. Si l'on veut avoir la fraction à laquelle répond un logarithme négatif proposé, on retranche ce logarithme de 1, ou 2, ou 3, ou 4, etc., unités, selon l'étendue des tables ; et après avoir trouvé le nombre qui

répond au logarithme restant, on en sépare sur la droite, par une virgule, autant de chiffres qu'il y avait d'unités dans le nombre dont on a retranché le logarithme.

Par exemple, si l'on demande à quelle fraction appartient —1,532732, je retranche 1,532732 de 4, et il me reste 2,467268, qui dans les tables se trouve entre les logarithmes de 293 et de 294; j'en conclus que la fraction cherchée est entre 0,0294 et 0,0293, c'est-à-dire qu'elle est 0,0293, à moins d'un dix-millième près. En effet, retrancher de 4 le logarithme proposé 1,532732, c'est (236) multiplier 10000 par la fraction à à laquelle appartient ce même logarithme proposé, ou, ce qui revient au même c'est multiplier cette fraction par 10000; donc le nombre qu'on trouve est 10000 fois trop grand, il faut donc le compter pour des dix-millièmes.

Tout ce que nous venons de dire, trouvera des applications par la suite. Bornons-nous, quant à présent, à donner une idée, par quelques exemples, des avantages que les logarithmes procurent pour la facilité et la promptitude des calculs.

EXEMPLE I.

On demande le quotient de 17954 divisé par 12836, à moins d'un dix-millième près.

Logarithme de 17954.   4,254161
Logarithme de 12836.   4,108430
                                            —————————
                        Reste. . . .   0,145731

Ce reste, cherché dans les tables avec une caractéristique plus forte de quatre unités, répond à 13987; donc (258) le quotient cherché est 1,3987.

EXEMPLE II.

On demande la racine cubique de 53, à moins d'un millième près.

Le logarithme de 53 est. 1,724276
Son tiers (230) est. 0,574759

Ce dernier, cherché dans les tables avec une caracté-ristique plus forte de trois unités, répond à 3756, donc (238) la racine cherchée est 3,756.

Pour juger de l'avantage des logarithmes, on n'a qu'à chercher cette racine par la méthode donnée (156). Il ne faut pas pour cela regarder cette dernière comme inu-tile; car elle s'étend à une infinité de nombres auxquels les logarithmes n'atteindraient pas, par rapport aux bornes des tables.

EXEMPLE III.

Veut-on avoir, à moins d'un centième près, la racine cinquième du cube de 5736?

On triple le logarithme 3,758609 de 5736, et on a 11,275827 pour logarithme du cube de 5736. Prenant le cinquième de ce dernier logarithme, on a 2,255165 pour logarithme de la racine cinquième du cube de 5736. Ce logarithme, cherché dans les tables, avec une caractéristique plus forte de deux unités, pour avoir des centièmes, répond entre les nombres 17995 et 17996; la racine cherchée est donc 179,95, à moins d'un centième près.

EXEMPLE IV.

Qu'il soit question de trouver quatre moyens propor-tionnels géométriques entre $2\frac{2}{3}$ et $5\frac{3}{4}$?

Il faudrait (215), pour avoir la raison de cette progres-sion, diviser $5\frac{3}{4}$ par $2\frac{2}{3}$, et extraire la racine cinquième du quotient.

Par logarithmes, cette opération est très-simple. Je détermine par les tables le logarithme de $5\frac{3}{4}$ ou $\frac{23}{4}$: c'est 0,759668. Je détermine pareillement le logarithme de $2\frac{2}{3}$: c'est 0,425969. Je retranche donc (231) ce logarithme du premier, et j'ai 0,333699 ; prenant donc (230) le cinquième de ce dernier, j'ai 0,066740 pour le logarithme de la raison cherchée. Ce logarithme, cherché dans les tables avec une caractéristique plus forte de 4 unités pour avoir quatre décimales, répond à 11661, à moins d'une unité près ; donc la raison est 1,1661, à moins d'un dix-millième près. Il ne s'agit donc plus, pour avoir les moyens proportionnels, que de multiplier le premier terme $2\frac{2}{3}$, par 1,1661, puis le produit par 1,1661, et ainsi de suite.

Mais ces opérations peuvent être faites beaucoup plus promptement à l'aide des logarithmes, en ajoutant consécutivement au logarithme 0,0425969 du premier terme $2\frac{2}{3}$ le logarithme 0,066740 de la raison, son double, son triple et son quadruple ; de sorte qu'on aura 0,492709, 0,559449, 0,626189, 0,692929 pour les logarithmes des quatre moyens proportionnels demandés. Et si l'on cherche ces logarithmes dans les tables avec trois unités de plus à la caractéristique, on trouve que ces quatre moyens proportionnels sont 3,109 ; 3,626 ; 4,228 ; 4,931.

247. *Remarque.* Lorsque dans une opération où l'on fait usage des logarithmes, il s'en trouve quelques-uns que l'on doit retrancher, on peut simplifier l'opération par l'observation suivante.

Lorsqu'on a à retrancher un nombre quelconque d'un autre qui est l'unité suivie d'autant de zéros qu'il y a de chiffres dans le premier, l'opération se réduit à écrire la différence entre 9 et chacun des chiffres du nombre proposé, à l'exception du dernier pour lequel on écrit la différence entre 10 et ce chiffre. Par exemple, si j'ai 526927 à retrancher de 1000000, je retranche successivement les chiffres 5, 2, 6, 9, 2, de 9, et le dernier chiffre, je le retranche de 10, et j'ai 473073 pour reste.

Ce reste est ce qu'on appelle le *complément arithmétique* du nombre proposé.

La soustraction faite de cette manière étant trop simple pour pouvoir être comptée pour une opération, il s'ensuit que lorsqu'on aura à former un résultat de l'addition et de la soustraction de plusieurs nombres, on pourra toujours réduire l'opération à l'addition. Par exemple, s'il s'agit d'ajouter les deux nombres 672736, 426452, et de retrancher de leur somme les deux nombres 432752, 18675, ce qui exige deux additions et une soustraction ; je substitue à cette opération la suivante :

$$
\begin{array}{lr}
 & 672736 \\
 & 426452 \\
\text{Compl. arith. de } 432752 \ldots\ldots & 567248 \\
\text{Compl. arith. de } 18675. \ldots\ldots & 981325 \\
\hline
\text{Somme} \ldots\ldots & 2647761
\end{array}
$$

C'est-à-dire que j'ajoute ensemble les deux premiers nombres proposés et les compléments arithmétiques des deux derniers : la somme est 2647761. Il faut en supprimer le premier chiffre 2, et les chiffres restants 647761 sont le résultat cherché.

La raison de cette opération est facile à saisir, en remarquant que si, au lieu de retrancher 432752 comme on le proposait, j'ajoute son complément arithmétique, c'est-à-dire 1000000 moins 432752 ; je fais en même temps la soustraction proposée et une augmentation de 1000000, c'est-à-dire d'une dizaine au premier chiffre du résultat : donc, pour chaque complément arithmétique que j'aurai introduit, j'aurai une dizaine de trop à l'égard du premier chiffre du résultat.

L'application de ceci aux logarithmes est évidente.

Qu'il soit question, par exemple, de diviser 3760 par 79, il faudrait retrancher le logarithme de 79 de celui de 3760. Au lieu de cette opération, j'écris :

$$
\begin{array}{lr}
\text{Logarithme } 3760. \ldots\ldots & 3{,}575188 \\
\text{Compl. arith. du log. de } 79. \ldots & 8{,}102373 \\
\hline
\text{Somme.} \ldots\ldots & 11{,}677561
\end{array}
$$

Ainsi, 1,677561 est le logarithme du quotient, et répond à 47,59 à moins d'un centième près.

Supposons, pour second exemple, qu'il soit question de multiplier $\frac{675}{527}$ par $\frac{952}{377}$, il faudrait (106) multiplier 675 par 952, et 527 par 377 ; puis diviser le premier produit par le second. Par logarithmes, on opérera ainsi :

Logarithme 675.	2,829304
Logarithme 952.	2,978637
Compl. arith. du log. de 527. . .	7,287189
Compl. arith. du log. de 377. . .	7,423659
Somme.	20,509789

Le logarithme du produit est donc 0,509789 qui, cherché avec trois unités de plus à la caractéristique, répond à 3,234.

On peut faire usage du complément arithmétique pour mettre les logarithmes des fractions sous la même forme que ceux des nombres entiers et les employer de même dans le calcul ; par là on évitera la distinction des logarithmes négatifs et des logarithmes positifs. Il suffira de se rappeler que la caractéristique du logarithme des fractions proprement dites est trop forte de 10 unités.

Par exemple, pour avoir le logarithme de $\frac{3}{4}$ qui n'est (96) que 3 divisé par 4 ; au lieu de retrancher le logarithme de 4 de celui de 3, c'est-à-dire, de retrancher le logarithme de 3 de celui de 4, et de donner au reste le signe — (235) ; au logarithme de 3, j'ajoute le complément arithmétique du logarithme de 4 :

Logarithme 3	0,477121
Compl. arith. du log. 4	9,397940
Somme.	9,875061

Cette somme est le logarithme de $\frac{3}{4}$, dont la caractéristique est trop forte de 10 unités. Or, il n'est pas nécessaire de faire actuellement la diminution ; on peut la rejeter à la fin des opérations dans lesquelles on emploiera ce logarithme.

La même règle s'applique aux fractions décimales : ainsi, pour avoir le logarithme de 0,575, qui n'est que $\frac{575}{1000}$, au logarithme de 575, j'ajouterais le complément arithmétique du logarithme de 1000.

En employant ainsi les compléments arithmétiques au lieu des logarithmes négatifs des fractions, il n'en est pas plus difficile de trouver dans les tables les valeurs en décimales de ces mêmes fractions. Dès que je saurai qu'un logarithme proposé est ou renferme un ou plusieurs compléments arithmétiques, je sais que sa caractéristique est trop forte d'autant de dizaines qu'il y entre de compléments arithmétiques; ainsi, si elle passe ce nombre de dizaines, il sera facile de la diminuer et de trouver le nombre auquel appartient ce logarithme, et qui sera un nombre entier, ou un nombre entier joint à une fraction.

Mais si la caractéristique est au-dessous du nombre des dizaines qu'elle est censée renfermer de trop, elle appartient certainement à une fraction que je trouverai de cette manière : je chercherai, par ce qui a été dit (242 *et suiv.*), à quel nombre répond le logarithme proposé ; et lorsque je l'aurai trouvé, j'en séparerai, par une virgule, autant de dizaines de chiffres sur la droite qu'il y aura de dizaines de trop dans la caractéristique.

Par exemple, si l'on me donnait 8,732235 pour logarithme résultant d'une opération dans laquelle il est entré un complément arithmétique; je vois, puisque sa caractéristique est au-dessous d'une dizaine, qu'il appartient à une fraction. Je cherche d'abord (242) à quel nombre répond 8,732235, considéré comme logarithme de nombre entier : je trouve qu'il répond à 539802500 ; séparant 10 chiffres, j'ai 0,0539802500 pour valeur très-approchée de la fraction qui répond au logarithme proposé.

Mais comme il est très-rarement nécessaire d'avoir ces fractions à un tel degré de précision, on abrégera, en diminuant tout de suite la caractéristique du logarithme proposé, autant qu'il est nécessaire pour la faire tomber parmi celles des tables, et prenant seulement le nombre correspondant, on séparera autant de chiffres de moins que ne le prescrit la règle précédente, autant de moins, dis-je, qu'on aura ôté d'unités à la caractéristique. Ainsi, dans le cas présent, je diminuerais la caractéristique de 5 unités; et ayant trouvé que le nombre correspondant est 5398, j'en séparerais seulement cinq chiffres, et j'aurais 0,05398.

Dans les élévations aux puissances, il faudra remarquer qu'en multipliant (229) le logarithme par le nombre qui indique le degré de la puissance, il se trouvera qu'on multipliera aussi ce dont la caractéristique se trouvera être trop forte. Ainsi, en élevant au cube, par exemple, s'il entre un complément arithmétique dans le logarithme proposé, c'est-à-dire si la caractéristique est trop forte de 10 unités, celle du logarithme du cube sera trop forte de 30 unités, et ainsi des autres. Il sera donc facile de la ramener à sa juste valeur.

Dans les extractions des racines, pour éviter toute méprise, lorsqu'il entrera des compléments arithmétiques dans les logarithmes dont on fera usage, on aura soin d'ajouter ou d'ôter à la caractéristique autant de dizaines qu'il est nécessaire, pour que ce dont elle sera trop forte soit précisément d'autant de dizaines qu'il y a d'unités dans le nombre qui indique le degré de la racine; et ayant, conformément à la règle ordinaire, divisé par le nombre qui indique le degré de la racine, la caractéristique sera trop forte précisément de 10 unités.

Par exemple, si l'on demande la racine cubique de $\frac{276}{547}$; au logarithme de 276, j'ajoute le complément arithmétique de celui de 547 :

Log. 276. 2,440909
Compl. arith. du log. de 547. . . 7,262013
                                   ─────────
           Somme. 9,702922
à la caractéristique de laquelle
    j'ajoute. 20
                                   ─────────
                              29,702922

afin qu'elle devienne trop forte de 3 dizaines, et j'ai
29,702922 dont le tiers 9,900974 est le logarithme de la
racine cubique demandée, mais avec dix unités de trop
à la caractéristique ; ainsi, conformément à ce qui a été
remarqué précédemment, je trouve que cette racine cubique est 0,7961 à moins d'un millième près.

L'usage des compléments arithmétiques est principalement utile dans les calculs de la trigonométrie.

TABLE DES MATIÈRES.

—•—

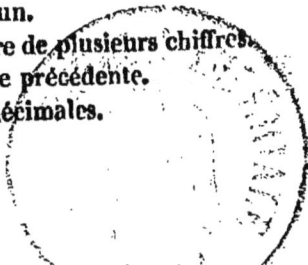

FIN.